体育场馆综合施工技术研究

中建城市建设发展有限公司　编著

中国建筑工业出版社

图书在版编目(CIP)数据

体育场馆综合施工技术研究/中建城市建设发展有限
公司编著. —北京：中国建筑工业出版社，2019.1
ISBN 978-7-112-23149-2

Ⅰ.①体… Ⅱ.①中… Ⅲ.①体育场-工程施工-研究
②体育馆-工程施工-研究 Ⅳ.①TU245

中国版本图书馆 CIP 数据核字(2018)第 292987 号

本书对国际化标准体育场馆的施工工艺、新技术等进行了全面系统总
结，共 3 篇，分别为：体育场馆通用施工技术研究（含 12 章）、体育场馆
钢结构施工技术研究（含 5 章）、体育设施专项施工技术研究（含 11 章）。

本书可供从事体育场馆施工的工程技术人员和管理人员使用及借鉴，
也可供相关科研人员以及高等院校相关专业师生阅读和参考。

* * *

责任编辑：司 汉 李 阳 孙书妍
责任校对：党 蕾

体育场馆综合施工技术研究

中建城市建设发展有限公司 编著

*

中国建筑工业出版社出版、发行（北京海淀三里河路 9 号）
各地新华书店、建筑书店经销
北京红光制版公司制版
北京建筑工业印刷厂印刷

*

开本：787×1092 毫米 1/16 印张：15 字数：371 千字
2019 年 1 月第一版 2019 年 12 月第三次印刷
定价：**68.00** 元
ISBN 978-7-112-23149-2
(33233)

本书编委会

编委会主任委员：毛志兵

副 主 任 委 员：张爱民　尉家鑫

委　　　　员：张作民　潘学斌　袁　梅

主　　　　编：潘学斌

副 主 编：袁　梅　王显富　梁　羽　董泊君

执 笔 人（按姓氏笔画排序）：

马金梁　王　蕾　王福生　方家福　田传健

白宪亮　乔　帅　乔　旭　刘国瑞　关　健

孙亚丰　李　冰　李占彬　时　振　余清松

宋　会　张　涛　张国海　侯腾飞　贺嘉航

郭　成　黄昊智　谭　乐　熊海军

序 一

改革开放 40 年来，随着我国城市化进程的发展和新型城镇化的推进，建筑业在建设规模和技术创新方面取得了举世瞩目的成就。而体育产业的发展，为人民追求美好生活和健康体魄提供了更好的场所。

中国建筑股份有限公司在 21 世纪初提出了"打造中国最具国际竞争力建筑集团"的战略目标，中建党组做出了"坚持依靠科技进步，全面提升中建企业核心竞争能力"的决定，为企业发展指明了方向，也为企业勾勒出了清晰的行动路线。

中建城市建设发展有限公司是中国建筑第六工程局旗下的核心子企业，近年来在体育场馆建设方面陆续承接了天津 2013 年东亚运动会射击馆、网球中心、萨马兰奇纪念馆、2017 年全运会天津体育学院体育馆、排球馆、田径馆等具有影响力的场馆群体。在施工过程中，公司团队通过不断学习和自主研发，创新发明了诸多新工艺、新方法，工程获得国家优质工程奖、中国钢结构金奖、全国优秀项目管理成果奖、中国建设工程 BIM 大赛单项奖、中国质量协会科技创新优秀奖等荣誉，在专业体育场馆工艺等多方面积累了宝贵经验。

随着新型体育场馆建设的不断推进，专业体育场馆的技术和人才储备都严重不足，管理和工程经验也相对匮乏，《体育场馆综合施工技术研究》是一本新型体育场馆建设的经验总结的集成，对新型体育场馆建设的领域提出了新思路、新理论和新方法，对体育场馆的施工具有较强的实践指导和借鉴作用。

中国建筑股份有限公司　总工程师
住房和城乡建设部科学技术委员会　委员

序 二

2010 年 5 月，公司有幸中标滨海团泊新城（天津）控股有限公司开发的网球中心、综合运动馆等体育场馆项目，之后团泊湖地区被天津市政府确定为"天津健康产业园"，天津体育学院、天津中医药大学新校区等一大批与体育设施及健康产业有关的大项目相继落户天津静海团泊湖。

随着中标项目的增多，如何借助天津健康产业园的平台，打造出一支专业从事体育场馆的专业管理团队，成为公司需要重点完成的课题。

体育场馆属于公共建筑范畴，但其特殊的体育特质，又赋予它独特的技术性和专业性。从场馆的结构设计与施工、空调与配电安装、自动化控制与智能化建筑、空气与水质的处理、比赛场地与看台的布置等，都有别于一般公共建筑。

在团泊湖这块土地上，我们先后完成了十五个专业场馆和天津体育大学新校区的建设，项目现已全部投入使用和运营。在建设过程中有多位行业内专家、体育专业人士作为团队的顾问和老师，给予细心地指导。经过近十年磨砺，在实践中学习，培养出一大批专业从事体育场馆建设的技术人才和管理团队，已成为公司新的核心竞争力。

为了使近十年的经验得以传承，我们将专业场馆的施工和管理经验总结提炼，编纂了这本体育场馆综合技术研究的专著，既是对我们工作的梳理和总结，同时也希望能为从事体育场馆施工的同仁提供一些借鉴和参考。

由于施工团队年轻、技术水平也有限，不足之处请专家和同仁们批评指正。

在此向为建设这支专业团队及编纂这本专著做出重要贡献的各位领导及同事们表示衷心的感谢！

中国建筑第六工程局有限公司　副总经理　教授级高级工程师　尉家鑫

中建城市建设发展有限公司　党委书记　董事长　潘石城

前　　言

中建城市建设发展有限公司作为中建六局的一员，以 2013 年东亚运动会和 2017 年全运会为契机，在天津健康产业园区内相继建设了国际网球中心、射击馆、曲棍球馆等诸多国际化标准的体育场馆。这些代表性场馆的建立为天津体育事业的发展带来了新生机。国际网球赛事 WTA 首届天津公开赛于 2014 年 10 月在天津健康产业园区开拍。通过 4 年的精心打造，陆续成功举办了 2015～2018 年 WTA 国际赛事、2014～2018 年 ITF 国际赛事。先后有玛蒂娜·辛吉斯、耶莱娜·扬科维奇、玛利亚·莎拉波娃等国际知名选手参赛，也有彭帅、张帅等"津花"在家门口出战。同时，公司承建的体育学院新校区旨在打造一所"国际领先，国内一流"的体育院校。在 10 余座专业体育场馆中，综合体育馆和田径场分别为 2017 年全运会的击剑比赛场和女足的比赛场。

2012 年公司承建的萨马兰奇纪念馆是世界唯一一座得到萨马兰奇家族授权和国际奥委会批准的纪念萨马兰奇先生、传播奥林匹克精神的场馆。2013 年 4 月 21 日，国际奥委会主席雅克·罗格、亚奥理事会主席艾哈迈德·法赫德·萨巴赫亲王等 90 多位国际奥委会委员和国家体育总局领导、天津市领导出席了开馆仪式。萨马兰奇纪念馆的成功建立，弘扬了奥林匹克精神，促进了天津体育事业的蓬勃发展。

目前，中建城市建设发展有限公司在体育场馆的施工工程数量、规模以及施工技术方面都达到了国内先进水平。尤其是在大跨空间钢结构核心技术（吊装、顶升、提升、高空散拼等）、专业体育设施技术（运动地板、网球红土场地、泳池、挡弹板等）、机电安装技术（照明系统、泳池水处理等）领域都有深的造诣。面对各式各样的难题与挑战，公司坚持自主创新、科技攻关，在施工技术方面取得了许多突破性进展，形成了多项工法和专利，多个体育场馆获得了"国家优质工程奖"和"鲁班奖"。

为使这些经验能得以传承，公司组织了有关技术人员编纂了本书，且称为《体育场馆综合施工技术研究》。本书的总体思路遵循以下几点：

1. 结合已建成体育场馆，归纳总结其技术特点，加强对常规技术的完善和指导，使其更先进；

2. 特殊技术、复杂技术的提炼，使体育场馆核心技术更具针对性，指导性；

3. 主要从体育场馆通用施工技术、钢结构施工技术、体育设施专项施工技术三个方面进行技术研究和探讨。

本书的出版是全体课题组技术人员、管理人员共同努力的结果，同时获得了各方面专家和学者的支持，得到了宋维新老师和赵娜老师的悉心指导，在此一并表示谢意！

目　　录

第一篇

体育场馆通用施工技术研究

第一章 "［"型曲面新型 PC 百叶板幕墙安装施工技术

　　天津团泊新城国际网球中心整体外观为圆形斜向建筑，外立面装饰幕墙为倾斜状，结合外幕墙的要求和 PC 百叶板的性能特点，经过探讨、试验、对比分析，最后选择了 PC 百叶板的可调连接装置代替传统幕墙施工工艺。本文深入介绍了 PC 百叶板可调连接装置的技术特点、适用范围、工艺原理、操作要点，详细介绍了 PC 百叶板幕墙的安装工艺，总结了 PC 百叶板可调连接装置的施工关键技术和创新点以及主要质量控制措施。实践证明，PC 百叶板的可调连接装置进行"［"型 PC 百叶板外墙装饰施工，克服了传统 PC 百叶板幕墙安装困难的特点，减少了大量构件焊接工作，安全性能高，并且施工工艺简单、便捷，现场可操作性强，降低了工人的施工难度，减少了返工率，节约材料用量，节省了劳务用工。为绿色施工提供了强有力的技术保障。

1. 技术背景

　　团泊新城国际网球中心坐落于天津市健康产业园区。网球中心作为 2013 年东亚运动会网球比赛场馆，总建筑面积 44020m²，其中地下一层、地上五层。为了加强场馆采光功能、易于引入室外自然空气，将钢结构外幕墙设计为半透明的阳光板百叶。同时考虑到美观效果，阳光板百叶选型为"［"型，钢结构外幕墙整体设计为倾斜状如图 1-1 所示。

图 1-1　本场馆外墙效果图

　　网球中心在早期设计时计划采用传统幕墙施工工艺，以刚性连接为主，现场加工成型后再进行构件焊接连接。但考虑到此种方法需要进行大量焊接工作，返工率较高并且容易引起安全事故，经过探讨、摸索、试验，最终研制了一种 PC 百叶板的可调连接装置，将主要施工内容由刚性连接变为柔性连接，降低了施工成本和施工难度，同时提高了施工安全性，得到行业专家及社会各界的一致好评。下文将结合本工程实例对 PC 百叶板施工方法进行详尽的描述。

2. 技术特点

施工工艺简单、便捷，现场可操作性强，降低了工人施工难度，施工连续性强，可大面积组织工人进行抢工期施工。解决了传统幕墙安装刚性连接时需要大量加工成型的连接件和返工率高的缺陷，可以对百叶进行精确的定位安装，便于 PC 百叶安装定位一次成型，由此提高了工作效率。PC 板是目前广泛应用建筑领域的一种新型材料，它具有强度高、可塑性强、轻便、耐腐蚀、绿色环保等一系列的优点，适用于采光要求高、造型复杂的幕墙外立面百叶遮阳装置。

3. 应用范围

"〔"型 PC 百叶板外墙装饰施工方法可应用于大型体育场馆与展览性建筑的外墙施工，特别是当该建筑对采光、艺术视觉效果有较高的要求时。

4. 工艺原理

外墙安装施工研制了一种 PC 百叶板的可调连接装置，此可调连接装置主要由两个部分组成，分别为主体结构（钢结构）连接件和百叶连接件。主体结构连接组件可调节百叶主龙骨（槽钢主檩条）与钢结构的相对位置关系，精确定位后，再通过调节百叶连接件将"〔"型 PC 百叶板方向调整好。如图 1-2 所示。

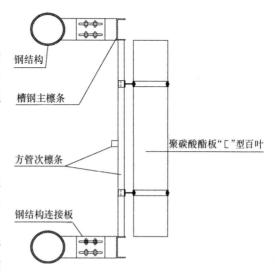

图 1-2　"〔"型 PC 百叶板各构件图

5. 主要材料

工程所使用的主要材料如图 1-3 所示。

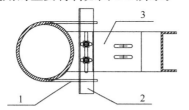
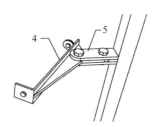

图 1-3　龙骨安装节点
1—临时固定圆钢；2—临时固定角钢；3—双向可调连接组板；4—百叶连接件
可调夹板；5—百叶连接件转臂

6. 主要设备

施工时，现场配备全站仪一台、水准仪一台、经检验的 50m 钢尺一把，对幕墙安装进行精确定位测量。

7. 施工工艺流程

（1）工艺流程

制作钢结构连接件→安装槽钢主檩条→安装方钢次檩条→安装百叶连接件→精确定位→安装聚碳酸酯"〔"型PC百叶板。

（2）工艺内容

PC百叶板的可调连接装置，包括PC百叶板、主龙骨、次龙骨、主体结构连接组件和百叶连接组件。主龙骨与主体结构连接组件连接，次龙骨焊接在两根主龙骨之间，次龙骨与百叶连接组件连接，百叶连接组件与PC百叶板连接。

主体结构连接组件包括围箍在主体结构外侧的临时固定圆钢、临时固定角钢以及连接主体结构和PC百叶板主龙骨的双向可调连接组板。可调连接组板是由两块钢板和临时螺栓组成的，其中一块钢板与PC板主龙骨焊接，另一块钢板通过临时固定圆钢和临时固定角钢与主体结构连接，两块钢板接驳重合之处至少开两个十字形螺栓孔槽。

百叶连接组件包括与次龙骨连接的可夹持转臂的可调夹板、与PC百叶板连接的转臂和连接螺栓。临时固定圆钢弯成弧形，可由螺栓与临时固定角钢连接；临时固定角钢可通过螺栓与可调连接组板连接。转臂可为大臂和小臂铰接形，其大臂被夹持在可调夹板的两板之间，其小臂连有"〔"型抱板，该抱板与PC百叶板抱接。次龙骨可以是方钢或槽钢。

（3）PC百叶板的可调连接施工步骤

1）用临时固定圆钢将主体结构抱箍起来，主体结构固定在临时固定圆钢的弯弧内，临时固定圆钢用螺栓与临时固定角钢连接，临时固定角钢与可调连接组板的其中一块钢板用螺栓连接，可调连接组板的另一块钢板与主龙骨焊接，两块钢板通过临时螺栓固定。如图1-4所示。

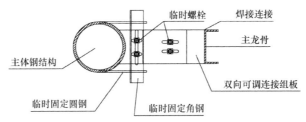

图1-4　临时固定图

2）调节可调连接组板的两块钢板的角度和重叠宽度，调好后去掉临时螺栓连接，改为焊接在一起，将可调连接组板与主体结构焊接，拆掉临时固定圆钢和临时固定角钢，此时完成主体结构的连接安装，如图1-5所示。

3）按角度以及精度要求将次龙骨与主龙骨焊接，如图1-6所示。

4）将可调夹板焊接固定在次龙骨上，按要求的角度将转臂的大臂与可调夹板夹持连接，并将连接螺栓拧紧，如图1-7所示。

5）将转臂的小臂与PC百叶板固定连接，百叶连接安装完成，如图1-8所示。

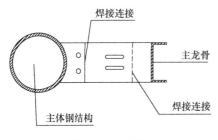

图1-5　连接图

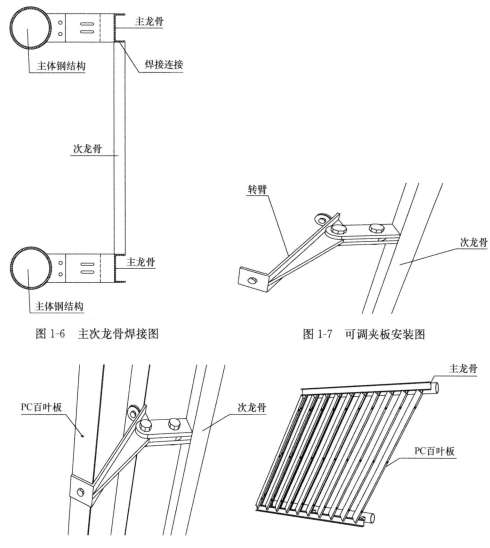

图 1-6　主次龙骨焊接图　　　　　　图 1-7　可调夹板安装图

图 1-8　百叶安装图

（4）操作要点

1）组成钢结构连接件的两块钢板接驳重合之处应至少开有两个十字形螺栓孔槽，以便通过孔槽上下左右四个方向移动，进行槽钢主檩条和钢结构主龙骨相对位置关系调节。如图 1-9 所示。

图 1-9　组成钢结构连接件的两块钢板

2）方钢次檩条进行焊接前，测量人员务必确认槽钢主檩条已通过钢结构连接件精确定位完毕，避免返工。

3）百叶连接件规格形状尺寸应根据工程形状等具体情况进行周密计算后，才能下料加工，此幕墙共需要 11 种不同的连接件，如图 1-10 所示。

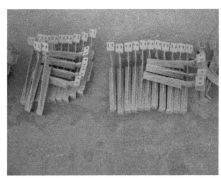

图 1-10 百叶连接件

8. 关键技术创新点

（1）关键技术

通过对 PC 百叶板可调连接件及其施工方法的实施效果进行检查和总结确定：主龙骨与钢结构连接件连接，次龙骨焊接在两根主龙骨之间；次龙骨与百叶连接组件连接，百叶连接组件与 PC 百叶板连接是该网球中心幕墙的关键技术环节。该方法的实施同原有工艺相比减少了大量构件的焊接工作，安全性能高，施工工艺简单，现场可操作性强，降低了工人的施工难度。

该项目针对主体结构连接组件连接和百叶连接组件连接两部分设计了可调的连接方式，消除了刚性连接施工时需要大量加工成型的连接件和返工率高的缺陷，可以对百叶进行精确的定位安装，便于 PC 百叶安装定位一次成型，减少返工率，由此提高了工作效率，可广泛应用于 PC 百叶板幕墙的安装。

（2）创新点

PC 百叶板可调连接件及其施工方法创新了一种带弹性的 PC 百叶板可调连接件施工方法，将百叶与主受力构件（主体钢结构）之间的连接由刚性连接改变为弹性连接，设计了可调连接件，利用可调连接件消除了刚性连接施工时需要大量加工成型的连接件和返工率高的难题。

（3）与当前国内外同类技术的综合比较

通过对目前国内外采用百叶幕墙的项目进行研究统计，目前国内外百叶幕墙的安装方法仍然较为传统，需进行大量的焊接工作，操作难度大、返工率高，相应的成本投入也大。相比之下 PC 百叶板可调连接件及其施工方法创了一种可调连接件，利用可调连接件消除了刚性连接施工时需要大量加工成型的连接件和返工率高等以上难题。因此 PC 百叶板可调连接件及其施工方法在今后的建筑施工中将会得到广泛的推广和应用。

该项技术在天津团泊新城国际网球中心得到很好的应用，施工的"匚"型 PC 百叶板

外墙面积为 7000m^2，一次成型，未出现返工现象，效果较好。如图 1-11 所示。

"["型 PC 百叶板外墙装饰施工方法可应用于大型体育场馆与展览性建筑的外墙施工，特别是当该建筑对采光、艺术视觉效果有较高的要求时。该方法与常规 PC 百叶板幕墙安装工艺相比，不仅减少了大量构件焊接工作，安全性能高，并且施工工艺简单、便捷，现场可操作性强，具有广泛的应用前景。

图 1-11　实景图

第二章 定型化预制管道整体现浇运动场排水沟技术

大、中型体育建筑的足球场地一般可举办全国性和国际性比赛项目，要求场地设置有效的场地排水系统，通过重力的作用进行自然渗流，增大土壤含水率，直至场地真正达到疏干，以满足暴雨中重要比赛需求。在雨季，场地雨水排水系统的优劣直接影响比赛能否顺利进行。因此，功能可靠的场地排水系统在运动场建设中至关重要，是保证雨中比赛顺利进行的重要措施。

常规排水沟做法一般采用砖砌或混凝土浇筑成沟槽状，上部采用带有排水孔的篦子进行覆盖或是采用预制线性树脂排水沟沟体，配合使用缝隙式成品盖板覆盖，本技术采用PVC内支撑定型化混凝土浇筑整体成型，替代了传统排水沟篦子的应用，加强了排水沟的整体性，避免因排水沟漏水，影响运动场耐久性的问题，同时解决了排水沟上表面与橡胶场地面层粘接错位的难题。

1. 技术应用实例概况

体育运动场地有田径场、橄榄球场、足球场、棒球场、网球场及室内田径馆运动场地。以上专业运动场地内需设置的排水沟长度共约 3000 延米，可满足面积约 6.9 万 m² 各类场地的要求。

新型做法利用PVC管道与现浇混凝土结合行成整体式排水沟。排水沟沟体采用双壁螺旋波纹管道配带有PVC三通排水孔，外围使用混凝土浇筑包裹管道，传统排水沟篦子被新型排水孔扣盖代替。

2. 技术对比分析（表2-1）

排水沟技术分析   表 2-1

项目	传统排水沟	新型排水沟
示意图		
排水	排水量流速小	圆形排水管道有利于快速排水，定制排水三通上口与排水孔尺寸相同
防水	节点处理不当易漏水	管道柔性防水和混凝土刚性防水结合，提高防水质量

续表

项目	传统排水沟	新型排水沟
面层平整度	排水箅子错位、翘起产生高差	水泥砂浆收面，面层易控制
沟体质量	砖砌半圆形排水沟成型差，沟体侧壁承载力不足	现浇混凝土异型成型简便，沟体侧壁承载力强
施工工艺	受季节影响大、工期较长	受制约因素小，工期短

3. 技术要点

（1）预制管道现浇定型技术

本技术创新理念从解决传统工艺操作难、质量控制难的现状问题出发，首先采用定型化设计，在工厂加工阶段攻克工期难关；其次采用外包现浇混凝土技术，结合可周转钢模板，变革性地突破传统沟槽＋盖板排水沟模式，行成了本技术——预制管道整体式现浇定型技术。

本技术采用 DN300 双壁波纹管作为排水主管道，按照排水孔的间距设置 PVC 三通连接两端波纹管，连接处使用 PVC 专用胶密封。连接整体，分两次外部浇筑 C25 混凝土，面层采用 M7.5 水泥砂浆找平抹光。如图 2-1 所示。

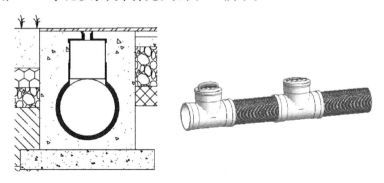

图 2-1　排水沟构造图

（2）实施要点

1）垫层标高定位技术

根据运动场地深化图纸和专家论证意见，对运动场地内 500mm 深范围内回填土掺入 5％石灰，以保证地基施工质量，排水沟位置及标高进行精确定位，使用机械对排水沟位置进行开挖至设计标高，并对地基进行夯实处理。

施工过程采用短钢筋打点方式对垫层厚度及标高进行控制，垫层施工完成后钢筋作为管道的固定点，固定间距 500mm。浇筑 100mm 厚 C15 混凝土垫层，宽度为 700mm。

2）预制排水管内支撑安装

管道定位敷设坡度按照 5％设置，采用直径 300mm 双壁波纹管作为内部支撑，按照场地深化设计和排水量计算，确定排水孔间距 1000mm。在每一个排水孔位置使用 PVC 三通连接两端波纹管，连接处使用 PVC 排水专用胶密封。如图 2-4 所示。

图 2-2　钢筋打点定位

图 2-3　垫层施工

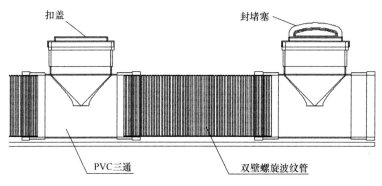

图 2-4　排水沟组成构件

3）排水孔扣盖及封堵塞制作

排水沟扣盖设计是本技术区别于传统排水沟的核心技术，由于运动场地外圈为 400m 跑道，因此在橡胶场地边缘需要设置 100×10mm 排水孔。本技术结合 PVC 专业生产厂家生产条件和专业体育场地施工队伍需求，对排水孔扣盖及封堵塞提出多种组合方案，多次召开研究会，并进行模拟试验，最终确定样式，并由 PVC 厂家制作模具后批量生产。

此排水沟适用于混凝土浇筑过程中对排水孔进行定性预留，面层收光时与图 2-5（b）排水孔上表面平齐。图 2-5（c）封堵塞尺寸与排水孔契合，可避免在浇筑混凝土过程中流入污染内部管道。

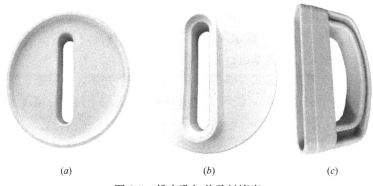

（a）　　　　　　　　　（b）　　　　　　　　　（c）

图 2-5　排水孔扣盖及封堵塞

在 PVC 三通左右两侧使用混凝土块对管道进行固定，固定间距 500mm。采用研制的排水口扣盖对上端口进行临时封堵，防止浇筑混凝土时污染管道内部。

在混凝土浇筑前，使用排水孔扣盖和封堵塞安装在三通的上口，防止混凝土浇筑时污染管道内部，造成管道堵塞。排水沟采用强度等级 C25 混凝土浇筑，浇筑混凝土时，每层浇筑厚度为 400mm，保证混凝土自由下落高度小于 2m，防止混凝土离析。振捣间距不小于 300mm，振捣时应快插慢拔，防止振动棒抽走时，造成混凝土内孔洞，振捣时间一般为 20～30s，以表面不泛气泡，较平稳为准。混凝土浇筑后凿毛，并立即进行养护，养护时间不小于 7 昼夜。

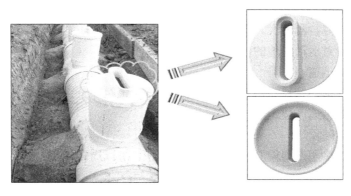

图 2-6　排水沟固定及排水孔扣盖安装

浇筑混凝土养护合格后，安装上部加高支管，并在支管上端安装定型排水孔扣盖，并且在排水孔扣盖上安装排水孔封堵塞（在混凝土浇筑完成后取下，可循环利用）。调整好排水沟扣盖及方向后，方可支设定型钢模板，浇筑混凝土。混凝土浇筑前必须将基层清理干净，混凝土浇筑高度同排水孔扣盖高度。混凝土上表面随浇筑随抹光，并及时对混凝土进行养护。如图 2-7 所示。

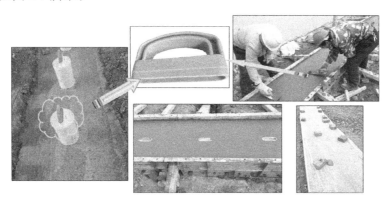

图 2-7　浇筑清水混凝土、抹面

4. 技术总结

本技术的应用圆满保证了田径场及室外场地的施工进展，取得了良好的效果。相较于传统施工技术，本技术优势明显：

（1）面层平整度好

本排水沟施工取消排水沟篦子，减少了因篦子错位、翘起而造成的质量缺陷，实现排水沟面层与沟体整体混凝土浇筑。

（2）成型质量易控制

排水孔孔盖设计保证排水孔部位与体育场地面层预留孔位的质量；加盖的封堵塞，有效保证排水口部位的施工质量；模板支设技术保证了圆弧部分排水沟一次成型。

（3）排水效果佳

采用新材料 $DN300$ 双壁螺旋波纹管取代 U 形沟槽设计保证排水量充足。

（4）防水性能好

排水沟整体性好，刚度大，管道柔性防水和混凝土刚性防水结合，加强防水效果，降低渗水概率，减少对运动场地的破坏。

（5）施工便捷迅速

整个系统包含内部管道支撑及外部混凝土整体浇筑两部分。投入的人力、物资、机械较少，工序少，施工速度快。

（6）辅材周转使用

两侧排水沟壁采用定型钢制模板，施工效果好，可以周转使用。排水孔封堵塞可以周转使用。

第三章　某圆形网球场馆建筑大角度异形混凝土斜柱施工技术

近年来，随着建筑业的不断发展，越来越多的圆形建筑广泛应用于体育场馆建筑中，为满足建筑师建筑造型创意施工需要，混凝土斜柱作为主要结构受力构件应运而生，其利用钢筋和混凝土共同受力，完美解决建筑师造型需要。但是，由于斜柱沿建筑物环向布置，且倾斜角度较大，混凝土自重产生水平荷载往往导致模板支撑搭设难度较大。同时，鉴于体育场馆设计通常层高较高，相应增大斜柱截面尺寸和配筋率，施工中极易出现振捣不到位以及蜂窝、麻面等现象。如何解决好以上问题，是混凝土斜柱施工关键要点。

某圆形网球场馆建筑大角度异形混凝土斜柱分为 L 型、T 型两种形状斜柱，斜柱倾斜角度为 66°，高度为 11.5m，主筋设计为 56Φ28，配筋率 2.9%。如图 3-1 所示。

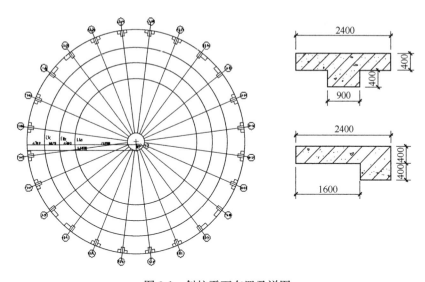

图 3-1　斜柱平面布置及详图

某圆形网球场馆结构形式为钢筋混凝土框架结构、钢结构，整个建筑混凝土结构部分共有 48 根大角度斜柱，沿圆弧布置。

1. 斜柱简介

斜柱与地面成 66°，斜柱标高为 −0.05～11.45m，截面尺寸 L 型为 2400mm×800mm、T 型为 2400mm×400×800mm，L 型及 T 型斜柱主筋设计均为 56Φ28。如图 3-2、图 3-3 所示。

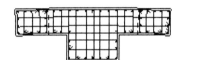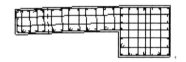

图 3-2　T、L 型斜柱配筋

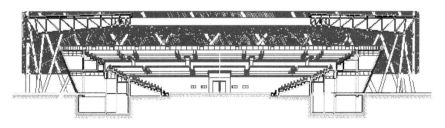

图 3-3　斜柱位置图

2. 斜柱技术难点

（1）由于斜柱截面尺寸较大且整体外倾，混凝土自重产生的水平荷载导致模板支设架体搭设难度大，支架设计需要满足强度、稳定性及抗位移要求。

（2）斜柱配筋率高，尤其是梁柱节点处钢筋设计更为密集，给钢筋制作、安装及保护层控制都增加施工难度。

（3）斜柱高度较大且为外倾式，给混凝土浇筑及振捣密实带来较大施工难度。

3. 测量定位技术

鉴于斜柱同地面成 66°，定位放线工作同一般的垂直构件相比较为复杂，测量放线之前，应先熟悉图纸，明确斜柱距离轴线具体尺寸以及按照斜柱设计斜率计算出梁底位置距离轴线的具体尺寸作为主要控制依据，现场模板测设主要采用全站仪和线锤相结合的方式，具体控制办法如下：

（1）斜柱模板安装之前，柱脚事先做好细石混凝土找平，在细石混凝土上按图纸设计要求弹出环向轴线和径向轴线以及柱脚平面墨线，最后利用全站仪根据坐标定位斜柱模板上口控制坐标点，作为安装斜柱模板精准定位依据。

（2）斜柱模板加工前，先按图纸设计要求尺寸进行定位放样，将 L 型和 T 型斜柱分片加工成型模板，安装时先安装斜柱倾斜面木模，再安装两侧直立面柱模，最后安装加工好的内侧木模。安装斜柱倾斜面模板时，柱脚定位以弹出墨线为依据同时，还要再用全站仪按三维坐标进行复核，保证斜柱面模板同地面精确至 66°。

（3）斜柱上段模板按施工图纸事先分片加工制作，具体安装顺序同下端斜柱，测设方法亦相同。

（4）斜柱上部环梁模板需事先按照设计图纸分片加工制作，安装时先安装底模，完成钢筋绑扎后支设侧模，利用环向轴线和径向轴线控制标高和位置。

最后，施工时还应注意斜柱上口位置投影线作用，定位放线时其作为加强技术复核的一项重要附加验收办法，同时尤其适用于类似本工程大量群体斜柱的定位。

4. 钢筋施工技术

斜柱钢筋施工前，首先同设计进行沟通，针对局部梁柱节点钢筋过密情况进行优化处理，再进行钢筋放样、制作及安装工作。

（1）梁柱节点深化

针对斜柱钢筋过密导致的钢筋绑扎、混凝土浇筑难度大等问题，在保证斜柱受力安全及施工质量前提下，技术人员同设计对梁柱节点进行深化设计，着重优化节点处锚筋安装方法，梁柱节点优化后，做法如图 3-4、图 3-5 所示。

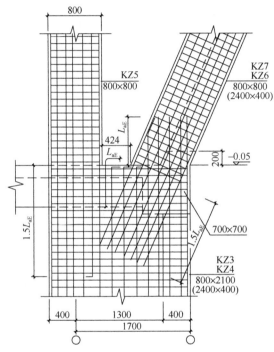

图 3-4 梁柱节点设计优化

图 3-5 梁柱节点钢筋安装

（2）钢筋翻样

斜柱钢筋翻样前，根据设计图纸要求结合计算机进行三维模拟，由工程师同技术人员共同进行翻样图的绘制工作。由于建筑为圆形，导致不同斜柱和环梁的钢筋之间都有很大不同。鉴于以上情况，钢筋翻样时，对不同斜柱和环梁的每根主筋以及箍筋进行单独编号并分别计算钢筋长度，料单中标识明确以便于现场组织施工。在下料工作中，还应充分参考翻样图中的具体情况，对每根主筋以及箍筋分别下料。然后，做好上牌工作，料牌需清晰的注明斜柱、环梁部位以及主筋、箍筋的编号，以防在施工时出现混乱。

（3）钢筋制作及安装

钢筋制作采取现场制作的方式，连接形式主要为直螺纹机械连接，现场套丝机使用前，委托专业实验室进行工艺鉴定，实验结果合格后再进行现场制作。现场制作主要参考根据三维模型制定的下料单，钢筋进行机械连接后，按规范要求对连接完部位接头进行取样送检，送检合格后，将切断接头处钢筋焊接连接，再进行下道工序施工。

（4）斜柱钢筋安装

斜柱钢筋安装主要分为主筋和箍筋安装两个部分，正式施工前，针对实际情况主要确定主筋弯折和箍筋安装两个施工难点，具体解决办法如下：

针对斜柱主筋弯折角度的控制以及弯折位置较难问题，主筋弯折主要采用在台前绑扎时人工弯折的方法，同时在进行弯折操作之前，利用计算机模拟对各主筋的弯折点位置进行有效的确定，避免施工后再进行弯折，并在上面标出相应的记号，便于现场有序钢筋安装。

绑扎斜柱箍筋时，首先需要在一根斜柱主筋上划出箍筋的间距线，并在间距为 1.5m 左右的地方进行箍筋的绑扎，当形成相应的钢筋骨架之后，运用水平尺对这一条线进行有效的牵引，牵引到另外的柱主筋之上。然后，自此基础之上，再划出相应的间距线，并对箍筋绑扎的平整度进行有效的控制。此外，对于柱箍筋的绑扎操作时，一定要充分关注箍筋编号以及斜柱的变化方式，以此来避免用错箍筋情况的发生。

5. 模板安装技术

斜柱模板支撑系统不同于普通垂直柱，在其模板及其支架体系中，除应达到混凝土成型的目标外，还应考虑柱体倾斜带来其他问题，保证混凝土施工安全。

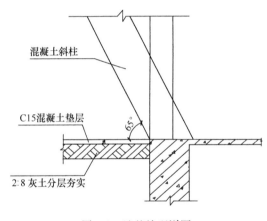

图 3-6 地基处理详图

（1）地基处理

由于斜柱周圈为基槽，回填土施工按设计要求采用 2：8 灰土分层夯实，压实系数不小于 0.94，分层取样试验合格后方可进行下一步回填土。土方回填完后表面用 C15 混凝土进行硬化，厚度为 100mm，并在上部设置脚手板，长度不小于 2 跨，厚度不小于 50mm，布设平稳不得悬空，并在四周距脚手架外立杆 50cm 处设置排水沟和积水坑，排水沟用砂浆硬化，如图 3-6 所示。

（2）立柱和横杆及剪刀撑构造要求

1）斜柱模板支撑体系采用扣件式钢管支撑体系，立杆选用单立杆，接头采用对接扣件连接，立杆与大横杆采用直角扣件连接。接头交错布置，两个相邻立杆接头不能出现在同步同跨，并应在高度方向至少错开 50cm，各接头中心距主节点距离不大于步距的 1/3（本工程取 50cm）。

2）由于斜柱用于圆形建筑，要求在架体搭设前对横杆进行打弯，且其弧度同轴线弧度。横杆连接采用对接扣件进行连接，其接头交错布置，不在同步、同跨且相邻接头水平距离不小于 50cm，各接头距立柱的距离不大于步距的 1/3（本工程取 50cm）。

3）斜柱支撑体系每 5 排立杆设置一道剪刀撑（跨越 5 根立杆），斜杆与地面倾角为 45°，"之"字撑与地面倾角为 40°。剪刀撑随立杆、纵横向水平杆同步搭设，用通长剪刀撑沿架高连续布置，剪刀撑的一根斜杆扣在立柱上，另一根斜杆扣在小横杆伸出的端头上，两端分别用旋转扣件固定，在其中间增加 2～4 个扣结点，如图 3-7 所示。

（3）斜柱模板配置（图3-8）

斜柱模板设计采用15mm厚多层板，模板竖向龙骨采用50mm×100mm木方，主龙骨采用Φ48×3.5双钢管，混凝土斜柱施工模板支撑体系选用扣件式钢管支撑体系，搭设参数立杆间距为900mm，横杆步距为1500mm，混凝土斜柱水平力和竖向力直接传递给整个架体。同时为保证架体整体稳定性，解决由于斜柱自重及浇筑过程中产生水平荷载，在首层和二层采用ϕ14钢丝绳与斜柱对应位置框柱进行拉结（框柱提前进行浇筑并达到100％强度后方可拉结）。

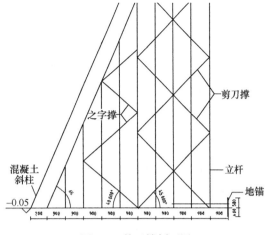

图3-7 剪刀撑剖面图

（4）斜柱模板安装工艺

斜柱模板主要安装工艺如下（同时为保证二层斜柱安装整体稳定性，在斜柱和垂直柱之间增加一条拉锁将两个柱子连接，在垂直柱混凝土强度达到100％后再进行斜柱混凝土浇筑）：

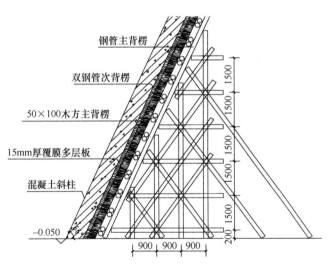

图3-8 斜柱模板支设剖面图

测量放线→搭设模板支撑体系及剪刀撑之字撑→安装斜柱底面模板→绑扎斜柱钢筋→安装侧模及顶模→模板加固→模板验收→混凝土浇筑→拆除模板→模板清理。

6. 混凝土浇筑技术

斜柱混凝土浇筑过程中，由于其造型特殊且配筋率高，斜柱箍筋之间的空隙较小，在混凝土向下输送的过程之中，拌合物当中的一些砂浆极易受到箍筋的阻碍，甚至当混凝土向下输送到指定的位置时，很有可能缺少砂浆。同时由于斜柱钢筋的排布十分紧密，在一定程度上限制了振捣棒的工作，它很难达到斜柱的底部。除此之外，在其提升的过程当中，箍筋可能将振捣棒卡住，并且根本没有重新插棒的机会。而且斜柱在振捣的过程当中，混凝土所产生的气泡向外排出的难度较大，当这些气泡慢慢积累聚集，并附着于顶面的模板之下，就会对施工的效果造成很大的影响，主要表现在顶面混凝土蜂窝、麻面。

针对如上的三处难点，提出了如下的解决措施：

（1）混凝土浇筑之前，在斜柱内插一根直径在200mm左右的硬质胶管，并在胶管的表面开出一个槽，所开槽的宽度在100mm左右为宜，然后将振捣棒放置于槽内。

（2）选用作用半径较大的70mm振捣棒，在对混凝土进行浇筑之前，应当将振捣棒以及胶管首先插入到斜柱当中去。在振捣时应当对振捣棒的位置进行有效的控制，要保证它始终在胶管之内。除此之外，胶管作为串筒，向下输送座底砂浆和底部混凝土，随浇筑混凝土随提升振捣棒和胶管，每根斜柱振捣一次。

（3）对混凝土拌和物的坍落度以及扩展度进行严格的控制，现场在斜柱混凝土大面积施工前先浇筑2根斜柱作为试验，然后对试验的结果进行充分参考，并对混凝土拌合物的坍落度与扩展度进行有效的总结。根据总结结果，坍落度在200mm到220mm的范围之内，而扩展度应该在300～350mm为宜，在这种情况下，浇筑的斜柱外观质量最好。在进行大面积的施工时，以此作为相应的控制依据，在每根斜柱浇筑前均检测坍落度和扩展度，符合要求的混凝土才允许进行浇筑。

7. 效果检查

某圆形网球场馆建筑大角度异形混凝土斜柱经过测量放线、钢筋、模板及混凝土严格施工控制，混凝土外观效果较好，质量偏差满足规范要求。如图3-9所示。

图3-9　效果检查照片

第四章　体育馆专业看台环氧地坪漆施工技术

环氧地坪漆是近年来房屋建筑装饰中，一种新兴的装饰材料。普遍适用于水泥砂浆或混凝土地面的装饰及性能改进，它的成膜材料是环氧树脂与固化剂反应后生成的高密度交联材料。随着技术的不断提升，越来越多的体育场馆室内看台地面大多选用环氧地坪漆，比起瓷砖、大理石其最大的优势是韧性更好、不会断裂，而且可以做出大面积无缝地坪，整体效果更好。另外其还具有耐磨性好、色彩鲜艳、富有弹性、安全舒适、附着力强、延伸性好；抗静电效果优良持久、不受时间、温度、湿度等影响；防尘、防潮、耐磨等诸多优点。

1. 工艺原理与工艺流程

专业体育馆看台环氧地坪漆施工技术适用于大面积且对地面有特殊要求的大型公用场馆的装饰施工，施工关键技术为对基层进行无尘打磨后，采用环氧砂浆刮涂基层表面能加强油漆与基层的附着力，并且通过底涂、中涂和面涂多道工序能达到整体无缝、平整亮丽的镜面效果。如图 4-1 所示。

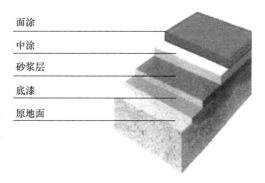

工艺流程：建筑钢筋混凝土楼板清理→自流平界面剂→水泥基自流平砂浆层施工→底涂层→中涂层→面层→完工保养。

2. 施工要点

图 4-1　剖面示意图

（1）原结构楼板打磨清理

对水泥地坪基面进行铣刨打磨处理（真空吸尘，属无尘打磨），凿毛混凝土表层，以保证环氧涂层的耐用牢度。如图 4-2 所示。

图 4-2　基层打磨

（2）基层处理

确认混凝土刨平，无残渣、污迹，再检查：

1）基面含水率低于 8%；地面含水率可用水分仪测试，若地面潮湿，需以喷灯烘干。

2）空气相对湿度低于 85%。

3）地面检出不结实部分应去除，然后修补平整。

4）地面空鼓的地方应先切割，再用环氧砂浆补平。

（3）水泥基自流平施工

1）将自流平按水泥重量比 6.25：25 的比例倒入盛有清水的搅拌桶中，边倒边搅拌，使用大功率低转速搅拌器搅拌至均匀、无结块呈流态混合状。然后静置 2～3min 使其反应充分熟化，最后再搅拌 1min 即可使用。

2）将搅拌好的混合料均匀地倒入施工区域，用锯齿形刮板布展均匀至要求的厚度 3mm，如图 4-3 所示。涂抹后尽快用专用的自流平放气滚筒在涂层表面轻轻滚动，将搅拌中混入的空气排出，避免因气泡引起的麻面和接口座的高差，整个操作过程不得超过 30min，如图 4-4 所示。

图 4-3 锯齿形刮板布展自流平

图 4-4 专用自流平放气滚筒施工

3）在看台踏面边缘粘贴美纹纸，以保证同一平面涂层厚度一致，且防止上一步台阶涂层流溢到下一台阶。

4）涂层干燥 24h 后即可进行打磨，打磨时需磨掉表面浮浆至坚实层，墙角边缘用手砂纸打磨，切忌用角磨机进行打磨。

5）施工完毕后立即封锁现场，24h 后可进行环氧地坪漆的施工。

（4）底涂层的施工及注意事项

1）将基层表面灰尘、杂物清理干净，如图 4-5 所示。

图 4-5　基层清理

2）底漆配料，环氧树脂：固化剂＝5：1，材料混合后，搅拌至均匀，并用滚筒施工。

3）滚涂时，采用刮刀等工具，将材料均匀涂布，施工涂布时应尽量减少施工结合缝。

4）对固定座椅预埋件位置要重点涂刷，以保证整体观感一致。

5）混合后的材料应在规定使用时间内涂布完毕，并注意前后组材料的衔接。

6）施工中发现杂质应立即清除，如图 4-6 所示。

图 4-6　底涂层施工

7）施工期间及养护时间内管制人员进出，如施工时温度在 10～15℃时，养护时间为 24～48h。

（5）中涂层的施工及注意事项

1）施工前计算材料的使用量，依照施工方向及区域，配合施工路径选定。

2）中涂层配料，环氧树脂：固化剂＝2∶1，搅拌均匀后加入适量的石英砂，再次搅拌均匀用镘刀镘刮施工，将材料均匀涂布。

3）施工中涂层时应尽量减少施工结合缝。

4）混合后的材料应在规定使用时间内涂布完毕，并注意前后组材料的衔接。

5）施工中发现杂质应立即清除，如图4-7、图4-8所示。

图 4-7　中涂层施工

图 4-8　固定座椅埋件处理

6）施工期间及养护时间内管制人员进出，并对施工及养护温度严格控制，施工时温度在10～15℃，养护时间为24～48h。

（6）面涂层施工及注意事项

1）面漆配料，环氧树脂：固化剂＝5∶1，搅拌至均匀。

2）搅拌均匀的材料需尽快送到施工区域内，依照施工程序施工。

3）涂布面层材料时，采用专用滚筒等工具，将材料均匀涂布。

4）施工涂布时应尽量减少施工结合缝。

5）混合后材料应在规定使用时间内涂布完毕，并注意前后组材料的衔接。

6）施工中发现杂质应立即清除，如图4-9～图4-11所示。

7）施工期间及养护时间内管制人员进出，并对施工及养护温度严格控制，施工时温度在10～15℃，养护时间为24～48h。

图 4-9　面涂层施工

图 4-10　面涂层施工

图 4-11　阴角处理

（7）保养措施

为能保持看台的环氧地坪漆良好的质量状态，在施工结束后进行如下保养及维护：

1）当地坪涂料施工完毕后，48h 内人员不得进入，7d 后方可重压。

2）养护期间，不能有水或各类溶液浸入，并须加强通风设备及防火措施。

3）地坪使用时，不准穿有铁钉和沙粒的皮鞋在上面行走。

4）一切工作器具都须有固定专用车架安放，严禁带有锐角的金属零件等物件碰撞地面，造成地面涂料损坏。

5）有重物撞击或锐利物刮擦的区域须安置橡胶板等保护，搬运车要用橡胶轮胎；安装设备等重大物件须用起重机械时，在接触地面的支撑点应有厚橡皮等软垫满铺使用区域，严禁用铁管等金属在地面上托运设备。

6）进行电焊等高温作业时，在电焊火花飞溅到的地方应用耐火材料铺垫好，以防烧坏漆面。

7）漆面意外溅有酸、碱、盐及油污时，应立即用水清洗，并擦拭干净。

8）一旦地坪损坏，及时使用涂料修补，以免油污渗透至水泥内，造成大面积涂料脱落。

9）日常清扫用柔软扫帚或抹布清洁。

10）大面积清洗地面时，不能用强化学溶剂（二甲苯、香蕉水等），一般使用中性洗涤剂、肥皂液、清水等，用清洗机进行。在没有清洗机的情况下，可用锯木粉撒上后再清扫干净。

11）严重污垢时，使用中性清洁剂，用抹布水洗，然后用水清洗，充分干燥后可打一层薄蜡。

3. 细节处理措施

（1）看台阳角护角

由于体育馆人流大，看台阳角易损坏掉漆，考虑长久美观效果，在环氧地坪漆看台设置铝合金看台护角。如图 4-12 所示。

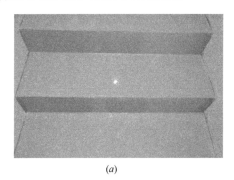 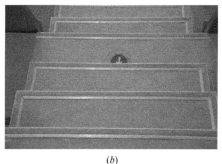

（a）   （b）

图 4-12 看台阳角护角
（a）处理前；（b）处理后

（2）看台与穿孔吸声铝板交界位置处理

环氧地坪漆看台与穿孔吸声铝板交界处由于铝板下料及切割失误，铝板与看台地面间出现缝隙，我们采用 5cm 高的铝合金扣条进行处理，达到美观效果。

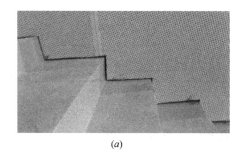 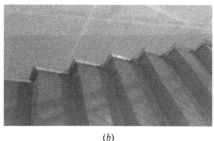

(a)　　　　　　　　　　　　　　　　　　(b)

图 4-13　看台与穿孔吸声铝板交界位置
（a）处理前 （b）处理后

4. 施工质量控制

（1）过程控制

1）组织工程技术人员，多方借鉴、研究，确定施工中的关键工序，编制施工方案，进行评定，施工前进行样板试验。

2）严格执行自检、互检、专检制度，每道工序必须在自检达到标准后，才能进行下一道工序。对不符合质量目标及时标识返修，杜绝不合格品流入下道工序。

3）严格按方案施工，认真落实技术岗位责任制度和技术交底制度，技术交底要简明易懂。

4）制定严格的材料管理制度，工程所需的原材料、半成品，必须是合格供应商提供的优质产品，无证产品一律不得进场。

（2）质量检验方法及标准（表 4-1、表 4-2）

1）地坪漆表面平整、洁净、色泽一致、目视无色差，阴阳角光滑顺直。

2）地坪整体无缝、平整亮丽可达镜面效果、易清洁便于维护、坚韧、耐磨、耐腐蚀、附着力强、耐冲击、防尘、防潮、防腐、防静电。

3）施工质量验收标准，执行设计要求和国家标准《建筑装饰装修工程质量验收标准》GB 50210—2018 的规定。

每平方米地坪漆的表面质量和检验方法　　　　　　　　　　表 4-1

项次	项目	质量要求	检验方法
1	明显划伤和长度＞10mm 的轻微划伤	不允许	观察
2	长度≤10mm 的轻微划伤	≤2	用钢尺检查
3	擦伤总面积	≤100mm²	用钢尺检查

涂饰允许偏差和检验方法　　　　　　　　　　　　　表 4-2

项次	项目	允许偏差（mm）	检验方法
1	涂层厚度	0.2	涂膜测厚仪
2	表面平整度	0.5	用 1m 水平尺和钢直尺检查
3	阳角方正	1	用直角检测尺检查
4	分割缝直线度	3	拉通线

第五章 超长弧形现浇混凝土看台弧度控制技术

天津体育学院新校区田径场主要由观众看台和场地组成，是 2017 年第十三届全国运动会的足球比赛场馆。该田径场看台座位近万座，田径场看台呈圆弧状布置，弧度大、精度要求高，狭长距离很难控制看台的整体弧度质量。如图 5-1 所示。

图 5-1 田径场整体概况

1. 重难点分析

（1）看台圆弧弧度大

田径场西看台圆弧达 60°，弧长 250m，半径 162m；南北看台弧度达 157°，弧长 180m，半径 58m，狭长距离很难控制看台的整体弧度质量。如图 5-2 所示。

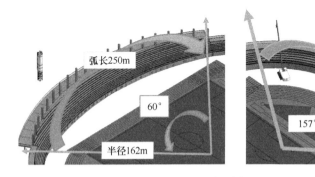

图 5-2 田径场看台概况

（2）看台弧长大

长度达 4500m，看台宽度均为 0.8m，高度 0.423m，西看台台阶高达 17 步，台阶长度达 250m，狭长距离很难控制看台的整体弧度质量。如图 5-3 所示。

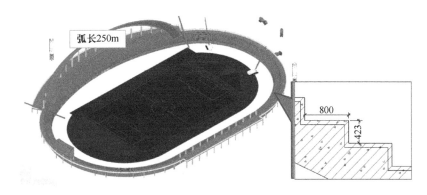

图 5-3 看台整体效果图及断面图

2. 总体思路

通过对国内体育场馆地面应用工程的考察和研究发现，现浇混凝土室外看台施工较少，大部分为预制看台，场馆均为弧形室外看台，施工难度大。田径场建成后将作为2017 年全运会比赛场馆，对施工质量要求高，通过以往经验并结合现场，不断创新，应用"偏角法"精确定位看台弧度。

3. 施工方法

田径场东侧、南侧、北侧为二层看台，西侧为三层看台，上下看台垂直定位测量孔，留设在施工后浇带位置处，方便观测、引点测量。如图 5-4～图 5-6 所示。

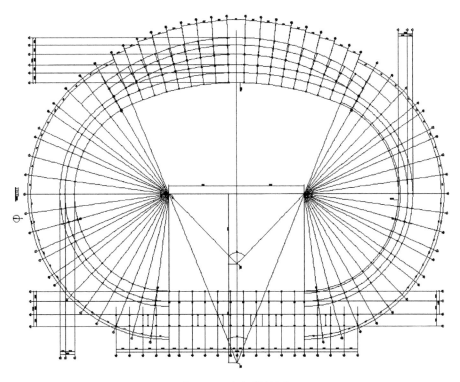

图 5-4 田径场轴线图

图 5-5　西看台施工测量洞留设位置

图 5-6　东、南、北看台施工测量洞留设位置

用全站仪采用"偏角法"对看台弧度进行测量：

以南看台为例，仪器首先架设在场地内圆心位置，定位出南看台与西看台的轴线点，再把全站仪架设在该轴线上某点，从两边向中间检查，用"偏角法"每隔 5°进行圆弧弧度检测。如图 5-7 所示。

用全站仪"偏角法"定位看台弧线：

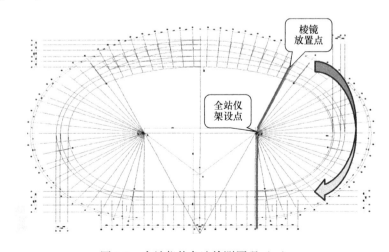

图 5-7　全站仪偏角法检测原理（一）

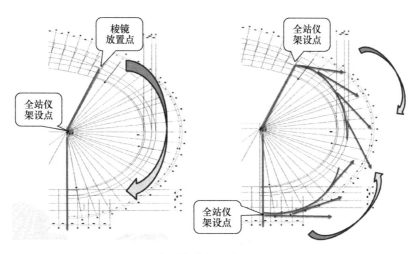

图 5-7 全站仪偏角法检测原理（二）

南北看台半径均为 58.55m，从 0°～157°每一层看台共设 33 个测量点于圆弧之上，西看台半径为 165.72m，从 0°～60°每一层看台共设 13 个测量点于圆弧之上。

4. 小结

通过以上方法，以此类推能分别定位各个方位的看台弧线，并通过不同轴线间的循环互测，缩小测量误差，提高弧形看台定位精度，从而对弧形看台施工精度控制和施工质量控制有较大的提高。

第六章 大跨度体育馆后张法预应力混凝土梁施工技术

天津团泊国际网球中心建筑，混凝土结构平面形状为圆环形，外圈最大直径 99.2m，地下一层，地上五层，混凝土结构全高 26m。屋面为桁架钢结构，四周呈圆形径向布置，中间呈双向正交垂直布置，最高点距地达 30m。首层大厅为保龄球馆，为大空间结构，其混凝土楼面采用了单向大跨（跨度约 38m）预应力混凝土结构。

预应力结构梁共有六条，梁尺寸 800×2500mm。每根梁钢绞线有 6 束，每束 7 根，每束孔道长约 48.08m。预应力筋直径 15.24mm，极限抗拉强度标准值为 1860MPa 的低松弛预应力钢绞线，采用后张法张拉施工。预应力张拉控制应力为 1860×0.75＝1395MPa。预应力梁混凝土强度等级 C40。所有预应力筋张拉端锚具、根据图纸要求凹入布置。如图 6-1、图 6-2 所示。

有粘结预应力梁张拉方式：采用两端张拉的施工工艺。

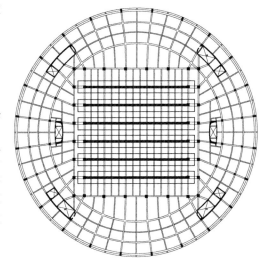

图 6-1 预应力梁平面布置图

锚具型号：张拉采用 YM15-7 圆型夹片式锚具及相配套的锚垫板。波纹管采用内径为 $\phi70$ 的金属波纹管。

张拉程序：0→初应力（划标线）→100％持荷 2min→σ_k（锚固），待混凝土强度达到

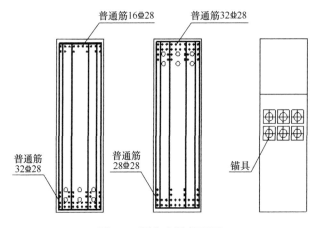

图 6-2 预应力梁截面图

100％后方可进行预应力张拉。张拉完毕后 3d 内必须进行孔道压浆，张拉一批压浆一批。

1. 主要材料

（1）预应力筋

预应力有粘结钢绞线：ϕS15.2 强度级别 1860MPa Ⅱ级松弛。

预应力筋标准：钢绞线进场时，产品质量必须符合相应的国家标准《预应力混凝土用钢绞线》GB/T 5224—2014。

钢绞线尺寸及性能见表 6-1。

尺寸及性能表　　　　　　　　　　　　　　　　　表 6-1

钢绞线结构	直径 （mm）	强度级别 （N/mm²）	截面面积 （mm²）	延伸率 （％）
1×7	ϕ15.2	1860	140	≥3.5

（2）锚具

Ⅰ类锚具：$\eta_A \geqslant 0.95$，$\varepsilon_u \geqslant 2\%$；预应力梁张拉端采用 YM15-7 型夹片式锚具及相配套的锚垫板。

锚具标准：《预应力筋用锚具、夹具和连接器》GB/T 14370—2015。

锚具进场时必须附有产品质保书、合格证产品质量必须符合相应的国家标准。

2. 主要机具设备（表 6-2）

主要机具表　　　　　　　　　　　　　　　　　　表 6-2

序号	名称	规格	数量	备注
1	油泵	ZB4-500	3 套	—
2	千斤顶	YCQ-250 型	2 套	张拉、卸锚具等用
3	千斤顶	YCQ-1500 型	2 套	张拉用
4	压浆泵	HJB-6	1 台	灌注水泥浆
5	搅拌机	HZS25	1 台	搅拌水泥浆
6	手持角磨机	BOSH100	2 台	截钢绞线头
7	砂轮切割机	Φ400	2 台	钢绞线、波纹管下料
8	钢卷尺	50m	1 个	—

3. 工艺流程（图6-3）

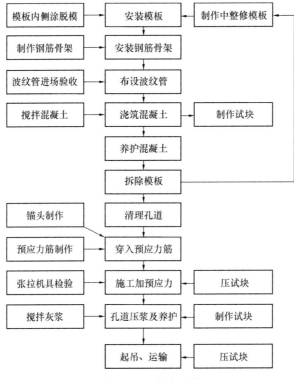

图 6-3　工艺流程图

4. 技术要点

（1）锚垫板、螺旋筋安装技术

锚垫板应与端部模板或梁端钢筋贴紧，并与钢筋绑扎在一起。当张拉端如在与柱结合处时，由于钢筋过度密集，导致无法放置螺旋筋及加固网片；当张拉端如在柱子外侧时，能够顺利放置螺旋筋。

如非预应力筋影响锚垫板安装时方法：

1）非预应力筋可局部移位；

2）锚垫板露在两端外安装，再支模浇筑凸出混凝土；

3）联系设计单位商议解决办法。

张拉端的锚固体系结构如图6-4所示。

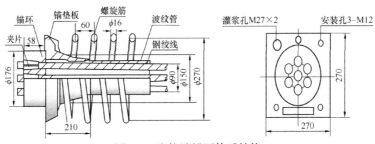

图 6-4　张拉端锚固体系结构

预应力梁端锚垫板安装位置在梁柱接头处，非预应力筋过密锚垫板无法安装，则采取如下措施：将锚垫板露在梁两端外安装预应力筋，张拉时加腋部分混凝土强度要达到100%，具体做法如图 6-5、图 6-6 所示。

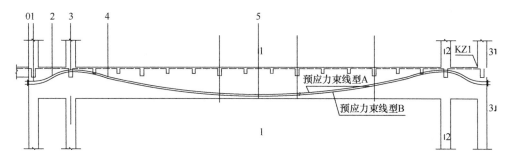

图 6-5　钢绞线布置图

（2）波纹管就位技术

波纹管铺放需按设计要求图纸要求布管，保证在垂直方向上各控制点高度达到规范要求。合理设置波纹管支架，其间距沿波纹管长方向不大于 2m。支架钢筋应采用 I 级钢筋，直径不宜小于 8mm。波纹管位置的垂直偏差控制在 ±5mm。波纹管在锚垫板内侧 30cm 区段应保持与锚垫板垂直。

波纹管就位后调整好形状用 22♯铅丝将波纹管与支架绑在一起防止浇筑混凝土时波纹管移位。

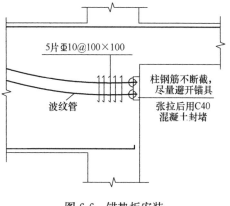

图 6-6　锚垫板安装

施工中，当非预应力筋影响穿管时：

方法 1：非预应力筋移位或断开；

方法 2：找设计单位商议解决办法。

（3）钢绞线下料与穿束技术

为保证下料尺寸准确，采用无齿锯进行切割，并将每根无粘结钢绞线拴挂标志牌，注明长度及部位。对于尺寸较复杂的钢绞线宜先复核准确后，再整批下料。钢绞线穿束时，应采取措施防止波纹管被钢绞线穿破。并且确保预应力筋的标高和位置，当非预应力筋与预应力筋的标高及位置发生矛盾时，应优先保证预应力筋的标高和位置。

张拉端钢绞线外露长度不小于 40cm。

钢绞线穿束完成后，应检查波纹管是否有轻微破损情况，可用胶带缠绕修补，如破损严重应做换管处理。

钢绞线穿束完成后方可进行合模。混凝土浇筑时严禁压、撞、碰波纹管和支撑架。

（4）锚垫板安装技术

锚垫板应与边梁钢筋贴紧，并用绑丝与钢筋焊在一起或用电焊将两点焊在一起。张拉端距模板边外露长度不小于 40cm。

（5）灌浆注意事项

1）灌浆用水泥标号不低于 32.5 号普通硅酸盐水泥，调制必须采用专用搅拌机机械拌浆，其水灰比控制在 0.35～0.45 之间（重量比），为保证灌浆饱满拌制泥浆时加入万分之一（水泥重量）的铝粉作为微膨胀剂。水泥浆稠度控制在 13～18s。水泥浆强度等级≥M40。

2）水泥浆自调制至灌入孔道的延续时间不得超过 40min，当构件温度低于 5℃不得施工，预应力筋张拉完 48h 内采用压浆机对孔道实行压力灌浆。灌浆应缓慢、均匀进行，不得中断。当灌满孔道封闭排气孔后，再加压至 0.4MPa，稍后再封闭灌浆孔。

3）预应力筋孔道不管使用何种材料成孔，均不允许有裂缝或存在其他任何缺陷，必须保证有足够的密封度。

4）预应力孔道内不允许有水。

5）按设计的压浆混合料和水灰比配制后的浆体中，不允许有空气，并保证有足够的稠度和流动性。

6）配置好的浆体温度必须在 35℃以下，若大于 35℃浆体会过早凝固，稠度增高、流动度降低，对压浆不利。高温季节施工时，必须采用冰块降温，拌和水的温度降至 5～7℃为宜。

5. 施工注意事项

检查→搅拌→灌浆→清洗→结束。

检查确认材料数量种类是否齐备、质量是否符合要求。

检查配套设备的齐备及完好状态。

将孔道排气孔、泌水孔密封好，再将孔道两端的锚头用膨胀砂浆或专用锚头盖密封好。

按配方称量浆体材料，将减水剂首先溶于一部分水使用。

检查孔道的质量，孔道不得漏气，如发现管道残留有水分或沾结脏物，必须用压浆泵将管道中的水分和脏物排出，确保灌浆顺利完成。

按设备要求安装备部件。

搅拌水泥浆：搅拌桶在搅拌水泥浆之前要加水空转数分钟，将积水倒尽使搅桶内壁充分湿润搅拌好的浆料，要做到基本卸尽。在全部水泥浆倒出之前，不得再投入未搅合的材料，更不能采用边搅拌边卸料的方法。

水泥浆出料后应马上进行泵送，否则要不停地搅拌。

对未及时使用而流动性降低了的水泥浆，严禁采用增加水的办法来增加流动性。

先将浆料压出浆管，流出的浆体浓度达到搅拌好的浆体浓度后再关掉压浆泵，将压浆管与构件上预埋管头连接好，完工后要将灌浆泵彻底清洗干净，泵内不能留存任何水泥浆。

在施工中严格按照规范及施工规程施工做好灌浆施工记录。

灌浆机具专人使用不得随意更换，如遇特殊情况须换人时必须先培训后上岗操作。

预应力筋张拉完成后，须严格做好封端工作，具体步骤为：

（1）可采用砂轮片切除剩余的外露钢绞线，长度不小于 30mm，严格采用电弧切断。

（2）孔道灌浆后采用 C40 微膨胀细石混凝土进行封堵。

第七章　高节能型石材-玻璃幕墙施工技术

随着科技的不断进步和发展，节能是当今社会的一个新主题。目前，我国每年新建筑面积近 45 亿 m²，其中 99％以上为高能耗建筑，建筑耗能已占我国能源消耗总量 25％左右。其中建筑幕墙等围护结构由于热传导、热辐射及对流造成的能耗在建筑总能耗中所占的比例约为 72％。因此，高节能型幕墙系统是建筑幕墙发展的必然趋势。

1. 技术背景

萨马兰奇纪念馆外墙系统由石材-玻璃幕墙系统、玻璃幕墙系统及窗系统组成，纪念馆高度为 16.5m，石材面积共计 9560m²，玻璃面积共计 3620m²，石材采用白砂岩，窗系统玻璃为 9＋6Ar＋9＋6Ar＋9 双银 Low-E 双中空玻璃，玻璃幕墙系统玻璃为 12＋8Ar＋12 双银 Low-E 中空玻璃。且本工程的节能性要求很高 K 值为≤1.6，远低于《公共建筑节能设计标准》GB 50189—2015 中规定国内公共建筑类项目规范规定 K 值≤2.3，本工程达到高节能型建筑。如图 7-1 所示。

图 7-1　萨马兰奇纪念馆

2. 技术特点

（1）难点分析

1）节能方面：根据《公共建筑节能设计标准》GB 50189—2015 中规定国内公共建筑类项目规范规定 K 值不大于 2.3，但本纪念馆设计要求 K 值为≤1.6，采用一般材料和一般做法在国内很难实现。

2）施工方面：纪念馆整个幕墙系统造型复杂，内外环立面均为圆弧形；施工工序多，形式多样，玻璃和石材加工及安装难度大。

（2）技术创新

根据对施工图纸节能要求、工程工期以及工程造价进行综合分析，最终确定：石材幕墙整体竖龙骨采用 $200×100×5$ 方钢通（热镀锌），石材所用竖龙骨采用 $6.3♯$ 槽钢（热镀锌），横梁采用 $50×50×5$ 热镀锌角钢，横竖龙骨之间的连接采用焊接。面板选用 25mm 厚石材，保温材料选用 200mm 厚保温岩棉，外包防水透气膜，容重大于 $140kg/m^3$。

窗系统玻璃采用 6＋9Ar＋6＋9Ar＋6 双银 Low-E 中空玻璃，铝合金断桥隔热窗采用国产优质铝型材，牌号为 6063-T5。如图 7-2、图 7-3 所示。

图 7-2　断桥铝合金框

图 7-3　隔热条

玻璃幕墙的立柱与主体结构之间采用焊接。所有硬性接触处，均采用弹性连接，提高幕墙的抗震性能，同时由于密封性能的提高，保证了帷幕的隔声效果。所有不同金属接触处均设置隔离垫片，防止电化学腐蚀产生。玻璃内侧采用 8＋12A＋8mm 双钢化双银 Low-E 中空玻璃，外侧选用 12mm 厚单层钢化玻璃。其中双中空玻璃结构传热简图如图 7-4 所示。

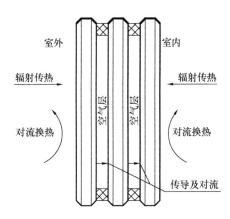

图 7-4　双中空玻璃结构传热简图

玻璃幕墙系统与石材系统之间采用 C 型槽钢，并将 C 型槽钢锚固在槽钢上，在缝隙处采用密封胶进行填缝。

按照该方法施工的幕墙系统能够满足施工图纸的节能要求，并且所有材料均为优质材料，能够满足整个工程的节能要求，同时也能满足减少碳排放的绿色要求。

3. 高节能幕墙安装技术

（1）工艺流程（图 7-5）

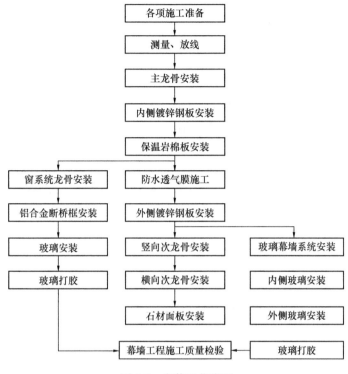

图 7-5　安装工艺流程

（2）石材幕墙施工

1）由于纪念馆石材幕墙系统面积较大，且石材外形尺寸多样，板材所需规格多；为了便于加工、施工需要，绘制板材排列翻样图，所有要挂的石材石板均进行排版翻样绘制，每块材均编号，注明尺寸大小，绘制平面图、排列图及详图。如图 7-6 所示。

2）将图纸中标明的定位轴线与实体工程进行比对，并且找出定位轴线的准确位置，根据在现场查找的准确定位轴线，确定定位点；定位点数量不得少于两点，确定定位点时要反复测量，确保定位准确无误。用水准仪对两个定位点确定水平位置，水准低度要按规范使用，首先水准仪定位时要考虑安全，定点间距离大致相同，水准仪要摆正放稳，不能出现移动、错动等现象，其次要注意正确使用和保管好水准仪。当找出定位点位置抄平后，在定位点间拉水平线，水平线可选用细钢丝，保证钢丝的水平度。

3）在连接件三维空间定位确定准备后，进行连接件的临时固定即点焊。点焊时每个焊接面点 2～3 点，保证连接件不脱落。点焊时要两人同时进行，一个固定位置，另一个点焊，在协调施工时两人都要做好各种防护。

4）对连接件进行固定，即正式烧焊。烧焊操作时要按照焊接的规格及操作规定进行焊接。

5）钢龙骨安装前，依据加工图纸进行清点、检查，准确无误后再进行焊接的安装。

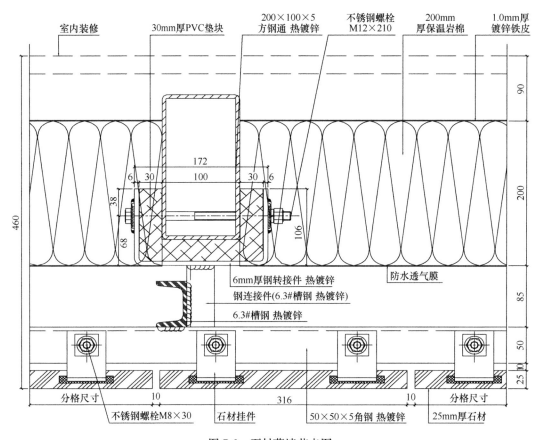

图 7-6 石材幕墙节点图

钢龙骨的安装包括主龙骨、次龙骨、铝板的安装及 U 形槽的安装，并依据放样图等有关标准进行施工。

图 7-7 岩棉安装

6）用专用刀具对岩棉进行剪裁，以保证岩棉尺寸及厚度符合图纸要求，岩棉安装完成后，将防水透气膜对岩棉进行掩盖封闭，以免岩棉受潮。如图 7-7 所示。

7）转接件与竖向主龙骨之间应用 30mm 厚 PVC 垫块填实，防止电化学腐蚀和热桥的产生。

（3）玻璃幕墙施工

由于本工程节能性要求高，为了能够在不影响玻璃采光的前提下，夏季达到节能降温效果，冬季达到节能保温效果，在玻璃表面除刷隔热涂料。

玻璃在安装之前，在横龙骨上垫氯丁橡胶块，防止玻璃直接接触，一般橡胶块垫在玻璃板两端的 1/4 处，然后进行竖龙骨与横龙骨内压板的安装。玻璃安装时，注意玻璃大小尺寸，根据玻璃的编号图进行安装，安装时注意左右两边玻璃的空隙相等。待玻璃安装完毕后，检查玻璃左右、上下间隙。在内压盖调整成直线后进行装饰条的安装，最后进行打胶。如图 7-8 所示。

图 7-8　玻璃幕墙安装

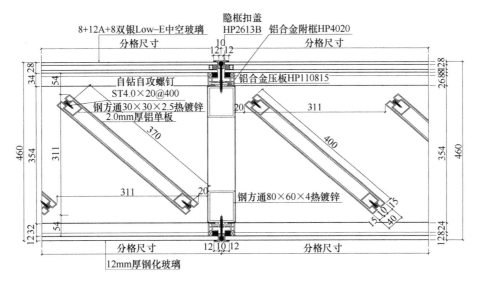

图 7-9　玻璃幕墙节点图

（4）窗系统的施工

由于断桥隔热铝合金窗框热量传导较大，为了达到节能要求本工程所选择的窗框为粉末喷涂断桥隔热铝合金框，可以有效地阻止门窗室内外热量的传导，减少门窗能耗的 50%。

窗安装：将粉末喷涂断在桥铝合金窗框上，并用螺栓与龙骨紧密连接，然后玻璃用真空吸盘洗起来后，将玻璃抬至水平龙骨上，左面进竖向槽，然后向右移保证玻璃左右两面的空隙相等，搁在铝合金窗框上。安装时注意玻璃的正反面。玻璃安装就位后，安装上下扣线，塞隔离橡胶条，外表面清洁后进行打胶工艺，打胶应连续饱满。打完胶后用刀片刮密实，胶缝的深度不应小于 1/2 的胶缝宽度。如图 7-10、图 7-11 所示。

4. 效果检查

本工程提出了节能型幕墙的实施方案，并代替了在国内使用进口材料来达到高节能性的幕墙的方案。工程实景如图 7-12 所示。本工程可以降低在外围护结构传热所消耗能量的 25%，与传统的建筑幕墙相比可节能 50% 左右。通过节能检测，幕墙系统的 K 值为 1.48，满足 $U \leqslant 1.6$ 的要求，达到了设计提出的高节能要求。

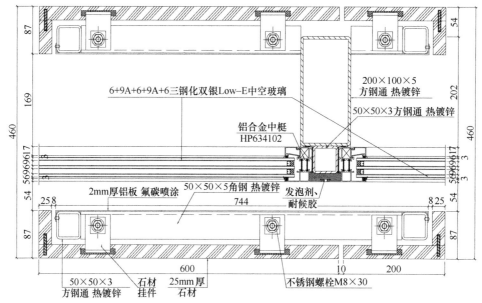

图 7-10　窗系统节点图

图中标注文字：

6+9A+6+9A+6三钢化双银Low-E中空玻璃

200×100×5
方钢通 热镀锌

50×50×3方钢通 热镀锌

铝合金中梃
HP634102

2mm厚铝板 氟碳喷涂

50×50×5角钢 热镀锌

发泡剂、耐候胶

50×50×3
方钢通 热镀锌

石材
挂件

25mm厚
石材

不锈钢螺栓M8×30

图 7-11　窗安装

图 7-12　实景图

第八章 露天体育场看台的专业
防水技术——聚脲喷涂技术

聚氨酯和聚脲喷涂技术是在反应注射成型技术（RIM）的基础上发展起来的，它继承了 RIM 高压撞击混合的原理，实现了聚氨酯和聚脲快速固化喷射成型。德国和美国是喷射弹性体技术的发源地。

我国聚脲用于建筑防水起步较早，但因造价较高的制约，发展较慢。奥运会和世博会的举办为聚脲防水提供了商机，奥运场馆和国家大剧院聚脲防水的成功，带动了高档建筑聚脲防水的发展。高档建筑，特别是钢结构和混凝土结构的混合结构，其变形缝的最大伸缩量可达 8cm 以上，传统的防水材料满足不了伸缩缝变形的要求，有"十缝九漏"之说，成为建筑防水的顽疾。随着以上实例工程的应用，聚脲防水在国内大型体育场馆中应用越来越广，聚脲是高档建筑防水，特别是高档建筑渗漏治理的最佳材料，市场前景无限。

下文以天津国际网球中心场馆为实例，讲述聚脲防水作为一种新型高档防水在露天体育场看台中的应用，此防水技术既解决了露天看台防水施工难的问题，又改善了看台的整体装饰效果。

1. 技术简介

喷涂聚脲弹性体技术是一种新型绿色环保施工技术，因聚脲固含量100％、无挥发性有机化合物，只要正确使用该技术，无论是施工期间还是材料投入使用后，涂层均不产生有害物质和刺激性气体，对环境保护极为有益，属新型环境友好型材料。

（1）力学性能

聚脲材料具有优异的综合力学性能，见表 8-1。

聚脲材料的力学性能 　　　　　　　　　　　　　　　　　　　表 8-1

项目	指标
拉伸强度（MPa）	最高达 27.5
邵氏硬度	A30～D65
伸长率（％）	最高达 1000
撕裂强度（kN/m）	43.9～105.4
100％伸长模量（MPa）	3.4～13.7

（2）耐介质性

聚脲材料的耐介质性能十分突出，除二甲基甲酰胺、二氯甲烷、氢氟酸、浓硫酸、浓硝酸、浓磷酸等强溶解、强腐蚀介质外，它可耐受绝大部分腐蚀介质的长期浸泡。

（3）低温韧性

聚脲材料不仅具有在很宽范围内调节硬度的能力，而且能在高硬度情况下保持优异的低温韧性。其中脂肪族异氰酸酯（如 m-TMXDI）与 JEFFAMINE^R聚醚及 JEFFAMINE^R低分子二元胺扩链剂（如 D-230、T-403）制备的纯脂肪族聚脲材料的性能最为突出；芳香族聚脲材料的低温韧性也不错，但比脂肪族的要逊色一些，见表 8-2。

聚脲材料的低温韧性　　　　　　　　　　　　　　　　　　表 8-2

项目	25℃		−20℃	
	脂肪胺	芳香胺	脂肪胺	芳香胺
拉伸强度（MPa）	8.9	12.3	11.4	14.1
伸长率（%）	420	180	350	130
撕裂强度（kN/m）	43.9	67.7	105	102
邵氏硬度	35	51	—	—

（4）户外耐老化性能

由于不含催化剂，聚脲材料表现出优异的耐老化性能。虽然在芳香族聚脲中。会出现泛黄和褪色。但绝无粉化和开裂现象出现。表 8-3 是芳香族聚脲材料经过 50℃、3871h 人工加速老化实验前后的性能变化，脂肪族聚脲材料的耐老化性能则更胜一筹。

芳香族聚脲材料的耐老化性能　　　　　　　　　　　　　　表 8-3

项目	老化前	老化后
拉伸强度（MPa）	13.5	13.5
伸长率（%）	137	137
断裂强度（kN/m）	76.4	76.4

（5）附着力

聚脲材料与金属、混凝土、塑料及木材等多种基层都有良好的附着力，通过适当的配方筛选，可以得到附着力强度超过聚脲自身强度的体系。当然，由于聚脲材料的反应速度极快，对基层的润湿能力差，如基层处理、聚脲的配方组成、聚脲的反应速度和材料的使用环境等因素都会影响其附着力。因此，在配方研究和施工过程中，必须加以充分考虑。对于一些对附着力有特殊要求的场合，最好通过调整配方，降低反应速度，确保涂层有足够的"抓底"时间。

2. 施工性能

（1）快速固化

聚脲物料反应速度极快，5s 凝胶，1min 即可达到步行强度，并可进行上层施工，施工效率高。解决了一般喷涂材料由于表面干燥时间较长造成施工进度慢、未干燥表面粘结杂物影响涂层质量以及涂层干燥前遇到风、雨等恶劣气候必须重新施工等问题。

（2）施工效率高

采用成套喷涂、浇注设备，输出量大，施工方便，可连续操作，喷涂 1000m²（1.5～2.0mm 厚）仅需 6h 左右；层间施工间隔只需几分钟到十几分钟，即一道施工结束，便可立即进行下一道施工，对涂层最终的施工厚度没有限制，通常每道涂层的施工厚度在 0.4～0.6mm（视喷枪移动速度而定），施工效率非常高。

（3）对环境条件要求较低

聚脲材料对水分、湿气不敏感，施工不受环境湿度、温度的影响。在基层干燥的情况下，无论是北方寒冷季节还是南方梅雨季节，都可正常施工，材料性能十分稳定。

（4）施工工艺及控制要点

材料机具准备→施工前准备→基层处理→涂层喷涂→涂层修补。

1）基层处理

混凝土、砂浆基层表面应进行打磨、除尘和修补，处理后表面不得有孔洞、裂缝、灰尘、杂质等。清洗和打磨混凝土基层表面的常见方法有：

① 基层表面的尘土和杂物可用清洁、干燥无油的压缩空气或真空除尘方法清除。

② 表面的油污、沥青等杂物可用溶剂、洗涤剂或酸去除，然后用清水洗净，并干燥。

③ 基层表面的浮浆、起皮及酥松可用抛丸、喷砂、打磨或高压水枪清除。用高压水清除时，应待水分完全挥发后方可施工。

④ 基层表面的凹陷、洞穴和裂缝常用嵌缝材料（通常为环氧树脂腻子）填平，待嵌缝材料固化后，再打磨平整。

基层经验收合格后，方可进行喷涂聚脲作业。喷涂作业之前应作好保护，防止灰尘、溶剂、杂物等对其的污染。

2）涂层喷涂要点

① 宜在基层处理剂涂布完毕并干燥后，立即实施喷涂作业。基层处理干燥后，开始喷涂作业，其间隔时间超出喷涂聚脲防水涂料生产厂家规定的，应重新涂刷基层处理剂。

② 喷涂作业前应检查经处理后的基层及喷涂设备状况，经确认达到施工要求后方可施工，防止不必要的停机，保证涂层质量。

③ 喷涂作业前应检查 A、B 两组分物料是否正常，使用前应将 B 料充分搅拌，宜用专用搅拌器搅拌 20min 以上。施工现场应通过加热降低物料黏度，严禁现场向涂料中添加任何稀释剂。

④ 现场喷涂作业前要仔细查看，严禁混淆 A、B 组分进料系统。

⑤ 每个工作日正式喷涂作业前，应先行试喷涂一块 500mm×500mm、厚度不小于 1.5mm 的样片，并对其进行质量评价。当试喷的涂层质量达到要求时，确定工艺参数后，方可进行正式喷涂作业。

⑥ 喷涂作业时，应手持喷枪喷涂施工，喷枪宜垂直待喷基层，距离适中，移动速度均匀。喷涂顺序应为先难后易、先上后下，连续作业，一次多遍、纵横交叉喷涂至设计要求的厚度。

⑦ 喷涂作业完毕后，应做好如下后续工作：

桶内涂料每次应尽量用完，如喷涂作业结束后桶内尚有余料，且下次喷涂间隔超过 24h 时，应向 A 料桶内充入氮气或干燥空气对其保护。

设备连续操作中的短暂停顿（1h 以内）不需要清洗喷枪，较长时间的停顿（如每日下班等），则需要用清洗罐或喷壶等清洗，必要时应将混合室、喷嘴、枪滤网等拆下，进行彻底清洗。

设备短时间停用，只要将喷枪彻底清洗，将设备和管道带压密封即可。设备停用 1 个月以上，或环境特别潮湿停用半个月以上时，应用邻苯二甲酸辛酯（DOP）和喷枪清洗剂对设备彻底清洗，然后灌入 DOP 并密封。

⑧ 间隔两次喷涂作业面间的接槎宽度不应小于 50mm。接槎部位应涂布层间粘合剂并干燥后，方可进行后续喷涂作业。

⑨ 喷涂施工完成并经检验合格后，应及时按设计要求做涂层保护层。后续喷涂作业前应在已有涂层边缘接槎部位涂布层间粘合剂，涂布宽度不小于 50mm。

3）涂层修补（图 8-1）

图 8-1　成型效果图

① 涂层有漏涂、鼓泡、针孔及损伤等缺陷时，应进行修补。对于面积小于 250cm² 的漏涂、鼓泡和损伤，应采用涂层修补材料进行修补；面积大于 250cm² 时，宜采取二次喷涂的工艺进行修补，针孔应逐个用涂层修补材料修补。

② 涂层修补时，宜根据缺陷情况，清除损伤及粘结不牢的涂层，并将缺陷部位周围 20mm 范围内的涂层及基层打毛并清理干净，分别涂刷层间粘合剂及基层处理剂，再选择使用涂层修补材料或喷涂聚脲防水涂料进行修补。

③ 经检测厚度不足的涂层应进行二次喷涂。二次喷涂宜采用与原涂层相同的聚脲防水涂料在材料生产厂商规定的复涂时间内完成。防止重新喷涂的涂层与原聚脲涂层界面粘结不牢而产生分层。

④ 修补后的涂层厚度不应小于原涂层厚度，且表面质量应符合设计要求。

3. 防水性能特点

喷涂聚脲材料是国外近 10 年来继高固体分涂料、水性涂料、辐射固化涂料、粉末涂料等低（无）污染涂装技术之后，为适应环保需求而研制开发的一种新型无溶剂、无污染的绿色防水材料。

与传统的防水材料相比具有以下优点：

（1）100％固含量，无挥发性有机物，符合环保要求；

（2）不含催化剂，快速固化，可在曲面、斜面及垂直面喷涂成型，不产生流挂现象，对于凹凸、拐角、边角具有很强的保持性；

（3）快速、可控的固化速度，保证了工程能够快速的重新投入使用；

（4）对温度、湿气不敏感，施工不受环境湿度、温度的影响；

（5）可进行喷涂或浇注，一次施工厚度可从数百微米到数厘米，克服了以往多次施工的诸多不便，缩短了施工周期；

（6）优异的物理性能，如抗拉强度、撕裂强度、延伸率、耐磨性、耐刺穿、耐磕破、防湿滑等。高伸长率使其具有很强的裂缝弥合能力，对混凝土开裂的防护性非常优异；

（7）优异的防腐性能，可耐酸、碱、盐、海水、氯离子等大部分腐蚀介质的长期浸泡；

（8）整体无缝、组织致密、坚韧，可用于迎水面防水，亦可应用于背水面防水；

（9）对各种基层附着力高且持久，不会因为冷热交替出现脱落现象。

由于聚脲具有优异的弹性，因此非常适合于露天体育场馆看台混凝土。由于聚脲材料自身优异的柔韧性和力学强度，即使在混凝土开裂的情况下，聚脲材料不但自身不会断裂，而且还能将混凝土材料紧紧"抓住"，起到防水和保护作用。

4. 喷涂聚脲质量控制

（1）基层处理

聚脲有着非常快的反应速度和固化速度，因此，表面处理对于能否成功应用聚脲具有很大的影响。据不完全统计，聚脲工程的失败大约 80% 与基层表面处理不当有关。

1）金属基层的处理

对于金属基层，喷涂前表面处理的方法很多，如酸洗磷化、机械打磨、喷砂抛丸等。而喷砂仍是迄今为止最佳的选择。

一是喷砂后钢材表面清洁度有保证（不小于 Sa2.5）；二是喷砂后表面粗糙度有保证（Rz40~75μm）。而且涂装前基层具有一定的表面粗糙度不仅可大幅度增加聚脲与基层接触的表面积，还为附着提供了合适的表面几何形状，有利于聚脲与底材之间的粘接和涂层厚度分布的均匀一致；刚喷砂后的钢材，表面能增大，处于活化态，3h 内喷涂配套底漆是涂料分子与金属表面极性基团之间相互吸引与粘接的最佳时期。涂装前表面处理除了喷砂除锈外，还应包括喷砂前除油和除去可溶性盐等污染物。而一般施工者认为喷砂可以把它们清除，但实际上喷砂只是把大部分的污染物深深嵌入钢材的表面，形成更加隐蔽、危险性更大的污染。

2）混凝土基层的处理

混凝土基层的情况十分复杂，是最难施工的基层之一，其多孔、透气、透水并且表面强度低。这种多孔性会使很多污染物渗透进来，如果这些污染物没有清理掉就会对聚脲工程造成极大的破坏；表面强度低，易出现一个脆弱的粘合界面。这些问题会潜在地造成聚脲体系与基层分层或起泡。所以，混凝土上层的浮浆以及污染物必须要清理掉，混凝土表面的凹陷一定要预先填平。

混凝土基层的处理，首先要打磨，增加粗糙度，保证附着力，然后修补表面的孔洞和裂缝。最后清除灰尘、施工 1 道封闭底漆。混凝土基层要采用表干慢、渗透时间长的底漆，让其充分渗进底材、反应固化后锚固底材。底漆渗得越多，工程质量越有保障。对混凝土需考虑的另一个问题是潮气透过混凝土的散发以及渗透压会潜在地造成涂层的分层和起泡。

（2）喷涂设备及喷枪

聚脲体系是由2个化学活性极高的组分组成，混合后快速反应造成黏度迅速增大，如果没有适当的输送、计量、雾化和清洗设备，这一反应将无法控制，所以喷涂聚脲工艺需要有专业的喷涂设备，这一点完全不同于以往的普通涂料施工。喷涂设备是喷涂聚脲技术的基础，也是喷涂技术推广应用的难点。对喷涂设备的基本要求是：能够产生高压，能够对原料预热；设备的供料能力要大于喷枪的输出量。实际喷涂的配置对材料的物理性能会产生重要影响。

表8-4、表8-5为聚脲的物理性能与工作压力和工作温度的关系。

聚脲物理性能与工作压力的关系 表8-4

压力（MPa）	6.2	6.9	7.6	9.6	12.4	13.8
抗张强度（MPa）	7.93	9.86	12.07	12.62	14.58	12.89
伸长率（%）	14.4	40.1	71.5	87.8	158	151
剪切强度（kN/m）	50.75	59.50	68.25	70.00	72.63	77.88
硬度（邵氏 D）	45	45	50	56	54	58

注：工作温度为71℃。

聚脲物理性能与工作温度的关系 表8-5

温度（℃）	3	9	12	15	19	22
抗张强度（MPa）	11.86	10.03	10.13	11.97	13.10	12.75
伸长率（%）	16.3	41.8	67.7	76.4	126	150
剪切强度（kN/m）	48.12	49.00	61.25	64.75	66.50	68.25
硬度（邵氏 D）	42	47	54	56	53	53

注：工作压力均为13.8MPa。

（3）原料的搅拌及预热

喷涂聚脲体系的R组分（通常加入颜料），主要作用是用来增加聚脲产品的装饰性、耐紫外线和物理性能等。但是由于颜料的密度、界面状态与纯树脂均存在差异，经过一段时间后都有沉积到底部的趋势。即使加工时使用高剪切分散技术，仍难避免这种情况。在喷涂之前，没有搅拌原料，颜料将沉积，而喷涂设备仍然按1∶1的体积比进行计量。这样在输送颜料部分时将有一部分反应性的树脂被颜料所取代，出现比例失调。这将带来发泡、鼓泡、雾化效果差、涂层颜色不均匀、涂层物理性能差等一系列的问题。

（4）喷涂环境的控制

大量文献介绍喷涂聚脲弹性体施工时不受施工温度、湿度的影响，这是相当片面的。相对于聚氨酯类的涂料，由于氨基聚醚与异氰酸酯反应速度很快，体系中不存在催化剂，因此聚脲受施工温度、湿度的影响较小，但并不代表温度、湿度不对其产生负面影响。

1）温度对聚脲性能的影响

化学反应速度及反应程度受温度的影响很大，一般化学反应，当温度每升高10℃时，反应速度增大2~4倍，聚脲也不例外。同时，聚脲反应过程是一个玻璃化温度逐步升高的过程，当其玻璃化温度接近固化温度（通常是室温）时，链段被冻结，反应速度变得异常缓慢，甚至停止。因此，低温固化聚脲的物理强度通常较高温固化的低10%~20%。

2）湿度对聚脲性能的影响

如果湿度很大（如大于90％），基层表面会形成一层薄薄的水膜，这可能对聚脲本身的物理性能不会产生太大的影响，但对附着力会产生致命的影响。湿度很大时，喷涂聚脲弹性体容易形成微泡。聚氨酯或聚脲涂层发泡存在2种机理：①异氰酸酯与水反应，生成CO_2，这属于化学发泡；②水分在喷涂过程中被裹进涂层中，而聚脲的化学反应是一个放热反应，水遇热汽化、膨胀，这属于物理发泡。由于氨基聚醚或氨基扩链剂反应速度很快，一般不会产生化学发泡，但物理发泡难以避免。在高湿度下施工的聚脲涂层较干燥状态下施工的涂层密度下降10％左右，物理强度下降20％左右。

3）聚脲的后固化对其性能的影响

喷涂聚脲是一种瞬间反应、快速固化的新涂层体系，但这并不代表聚脲喷涂完毕后就达到较好的力学强度。由于聚脲反应速度很快并释放出大量的热，导致涂层在交联初期产生较大的内应力，而内应力的释放通常需要一定时间，因此材料的物理性能不会很快达到最高值。从化学原理上来讲，聚脲反应是逐步加成反应，这不同于自由基聚合，分子量逐步增长，只有分子量达到一定数值，才能宏观表现出一定的力学强度。这与实际喷涂状况完全一致：聚脲在最初的几个小时内呈现的是一种乳酪状态，强度很低。因此，聚脲施工完毕后至少要在24~48h甚至更长的时间之后才能投入使用，否则很容易造成前期损坏。

4）聚脲的收缩率

聚脲产品是一种热固性材料，所有的热固性材料在固化时都有收缩现象。热收缩率与所选择的聚脲配方体系和操作条件有直接关系。大多数工业应用的聚脲体系的收缩率在0.5％左右，而配方设计不当的聚脲体系收缩率高达5％，这对于实际应用完全不可接受。聚脲的收缩大多出现在最初的24h内，而有些在72h后还有进一步的收缩，这主要取决于工艺和施工设备。一般固化速度在3~10s的聚脲体系，具有较高的拉伸强度和较低的伸长率（100％~300％），并且具有较高的收缩率。而凝胶速度在15~45s的喷涂体系中收缩率相对较低，且其伸长率都大于400％。聚脲的线性收缩率也受施工条件的影响。快速固化聚脲体系在施工过程中需要加热，如果不加热或者加热温度达不到要求，虽然它能够固化，但是会导致产品的收缩率较大。在许多情况下，收缩产生的力量可能大于聚脲产品初始的拉伸强度，并且纤维基层上的产品会发生断裂。

5）聚脲涂层的厚度

聚脲不是一个薄涂层施工技术，由于100％固含量，黏度低，所采用的树脂分子量较小，成膜能力差，喷涂必须达到一定的厚度才能形成连续的涂膜，从实践经验看，聚脲涂层总体厚度不能低于0.8mm。同时，每道聚脲施工的厚度也不要太薄，聚脲反应是放热反应，涂层需要集中放热来加强固化，这样才能达到很好的力学强度。对于防水工程来说，一般推荐喷涂厚度为1~2mm比较适宜，这样既节约成本又达到很好的防水效果。

第九章 运动场地下密集地源热泵管地基处理技术

本章主要阐述运动场地下地源热泵管地基处理技术，该项技术的应用最大限度地保证地源热泵管的使用寿命，以及对运动场地的正常使用都起到了可观的效益，也大幅提高了施工安全系数，大大降低了返修次数。

1. 实例应用背景

天津体育学院新校区室外运动场地含有 1 片棒球场（半径 $r=95m$）、1 片橄榄球场（115.1m×76m）、2 片足球场（单片 115.1m×73m）、16 片网球场（单片 36.57m×18.97m），自然地表以上素土回填深度达 1.5m 左右，回填面积约为 42000㎡，网球场地面层为丙烯酸、足球场地面层为单丝草、橄榄球面层人造草，并且部分场地埋深 1.6m 含有地热井及地热管，场地地基处理条件复杂、管沟密集，另外场地区域原为农田，初期填土形成低洼区，存在积水淤泥，如不进行有效处理，上部面层施工质量将受到严重影响。根据现场实际情况，提出一套切实可行的施工方案，详细介绍施工过程中重点、难点的解决方法，如图 9-1 所示。

地源热泵管为直径 200mm 的聚乙烯管，在 235m×120m 的室外场地上，管与管之间距离为 0.6m，宽度为 2.5m 的坑内有 4 根管，两个坑之前的距离为 2.5m，如图 9-2、图 9-3 所示。

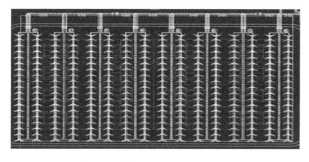

图 9-1 密集地源热泵管布置图

图 9-2 地源热泵管样板

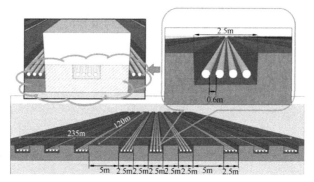

图 9-3 地源热泵管分步详图

2. 密集地源热泵管运动场地地基处理技术

（1）工程地质现状及重难点分析

本工程场地所处的地貌单元属冲积海积平原，该场地埋深 55m 深度范围内，勘察揭露深度范围内底层分属第四系全新统、上更新统，土层分布如图 9-4 所示。

由于人工回填层高度在 0.6~2.1m，土质以建筑垃圾为主，含有少量黏性土，回填时间小于 10 年，该部分土作为室外场地地基将会产生不利因素，如果地基处理部分不到位直接影响到室外运动场地施工质量，其中部分场地含有水池和淤泥。

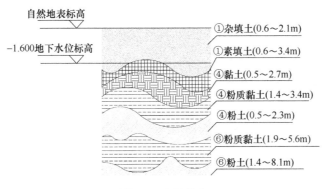

图 9-4　土层分布

1）本工程网球场地、足球场地及橄榄球场地埋深 1.6m 含有地热井及地热管，地热井钻孔孔径 150~200mm，间距为 5m×5m；地热管为聚乙烯（PE）管材，管径为 D32~D63，连接地热井，形成供水、回水路线，密密麻麻干管、支管无法保证分层回填质量，直接影响室外运动场地的质量，并且无法采用机械进行直接碾压回填。

2）部分场地含有复杂地形，其中橄榄球场地含有凹陷地势，并且积水形成淤泥；棒球场地含有水池、生活垃圾，如何保证室外运动场地不沉降、平整度，素土回填无法满足压实系数要求，需进行特殊处理。

3）网球场地为丙烯酸面层，不均匀沉降将直接影响极易出现裂缝的丙烯酸构造层，面层设计对基层要求很高。

（2）原农耕地回填土地基处理技术

1）清理淤泥

现场淤泥存于与低洼区域，由于后期积水，长时间浸泡形成。现场采用挖掘机进行挖除，挖至淤泥底部，继续挖掘 30cm。挖除的淤泥运至空旷处进行晾晒，降低含水率，并及时做好苫盖（图 9-5）。

2）拆房土回填

① 拆房土材料

拆房土材料必须为拆除砖瓦房所产生的强度较高的建筑垃圾，且不含有塑料、纸张、树枝、草根等生活垃圾和腐殖质，拆房土形成条件决定其特殊性，颗粒级配不均匀，形状不规则，普通碾压机难以压实，而其压实效果关系到室外场地基础的不均匀沉降，因此大块拆房土需破碎至 20cm 以内，以保证碾压机能够将拆房土的颗粒压实均匀（图 9-6）。

图 9-5　清理淤泥

图 9-6　砖渣回填

② 压实要求

砖渣回填后，预先采用挖掘机履带进行初步压实，后采用振动碾压机进行震动碾压，保证砖渣回填平整且具有足够的强度。

检测原厂地土壤压实度是否满足运动场地压实度标准，采用清理换填工艺增强地基承载力，将进场拆房土进行碾压，破除大块整砖，保证最大粒径 20mm，满足承载力要求 200～300kPa，然后在自然地表标高处进行反挖，挖出土进行晾晒，然后分步压实。

A. 采用电子填土密实度现场检测仪进行，具体如下：

事先在碾压完好的被测面上钻一个直径大于 2cm、深度约 8～10cm 的孔。打开仪器电源开关预热 5min，设备调零后，当手柄提起时，或表屏上应显示"000"，然后两手握住手柄，贴近双膝作为依托，将探头对准被测点加压垂直贯入土中，当测试深度达到 10cm 或标准深度时，应立即读取瞬间最大峰值，记录下来再进行下一点测试，（表屏上的读数为贯阻力值，用 P 表示，单位为 N）。

取平均值：在每层施工作业面上可任意选点检验进行碾压，一般按施工规范规定，每 10m 取 7～8 个点为一组数据，然后计算出平均值，以备查表。

B. 圆筒渗水速率试验仪：采用双筒，内筒为带刻度（精度±1mm）直径为（300±5）mm，外筒直径为（500±25）mm，将双筒置于地表以下 5cm，然后再往里注入不少于 120mm 的水，在测试过程中要求保持内外水桶面高差应＜2mm，记录其渗透完 20mm 水所需的时间。计算单位时间的渗透量，每点重复测定不少于 5 次。

C. CBR 承载比试验仪 CBR 试验仪：

检查仪器并接通电源，试运转正常后，再进行相关试验。

使用过程中如发现异常应停机检查，不得强行使用。

将泡水试验终了的试件放到试验仪升降盘上，调整贯入杆与测力环对中，在贯入杆周围放置预定数量的荷载板。

先在贯入杆上用手轮施加 45N 荷载，然后将测力环测形变的百分表调整到零点。

加荷压力手轮，记录测力百分表某些读数（20、40…）时的贯入量，并注意贯入量为 2.5mm 时，能有 8 个以上的读数，总贯入量应超过 7mm。

计算、绘制压力-贯入量曲线，计算贯入量为 2.5mm、50mm 时的承载比。

③ 灰土回填

800mm 厚灰土分四步进行回填，压实系数为 0.95，采用振动碾压机进行震动碾压。

（3）密集地埋管管沟回填施工技术

原地表返挖 400mm→分两层回填至原地表→分层回填高出管上皮 350mm 位置→做地热管→地热管周圈回填→完成地热管以上回填。

地热管周圈回填材料要求：管沟回填时采用细砂和中砂，根据细度模数 $\mu_f=3.0\sim2.3$ 为中砂，$\mu_f=2.2\sim1.6$ 为细砂，工程所采用自然形成的砂，由于砂主要用于回填 PE 地热管，地热管具有耐腐蚀性，可采用河砂、海砂形成，只需保证其粒径大小。

地热管周圈回填材料：管底 200mm 填充中砂（85%～90%）；管下皮至管上皮 200mm 填充细砂（≥95%）；细砂上部 150mm 填充碎石垫层；上部进行素土夯实。如图 9-7 所示。

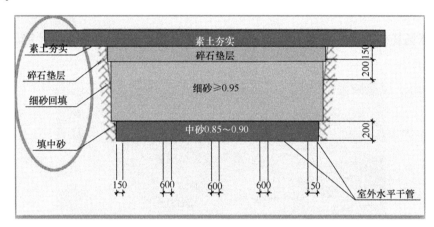

图 9-7　地源热泵管回填做法

各部分碾压次数相同，场地的两侧应多压 2～3 遍。

整形后，当混合料的含水量为最佳含水率（±1%～±2%）时，应立即用轻型压路机并配合 12t 以上三轮压路机全宽度内进行碾压。直线和不设超高的平曲线段由两侧路边外 300mm 以上向路中间碾压；设超高的平曲线段，由内侧路边外 300mm 以上向外侧路边处进行碾压。碾压时后轮应重叠 1/2 轮宽，并必须超过两段的接缝处，后轮压完路面全宽时，即为一遍。碾压进行到要求的压实度为止，一般需碾压 6～8 遍。压路机的碾压速度，头两遍以采用 1.5～1.7km/h 为宜，以后宜采用 2.0～2.5km/h。亦可采用重型轮胎压路机或振动压路机进行碾压。碾压后测试压实度，应于当天一次碾压合格。

严禁压路机在已完成或正在碾压的路段上掉头和急刹车，应保证稳定土层表面不受破坏。

碾压过程中，如有"弹簧"、松散、起皮等现象，应及时翻开，加适量的石灰重新拌合或用其他方法处理，应用火力夯、振动夯板等机具夯打密实（图 9-8）。

3. 小结

天津体育学院新校区工程施工内容中含大量室外运动场地施工，包括橄榄球场、足球场、网球场及棒球场，通过对运动场下部密集地源热泵管的基础处理技术的成熟应用。施工过程中得到了各责任主体以及政府监督部门的一致好评。整个工程竣工后橄榄球场、足

图 9-8 压路机压实

球场、网球场场地平整，无返修，地热正常循环应用，并得到学校的肯定。如图 9-9 所示。

图 9-9 完成效果

第十章 直立锁边金属屋面施工技术及应用

直立锁边金属防水屋面系统是通过带肋的金属板互相咬合，从而达到防水目的的一种新型、先进的屋面系统。金属屋面板材料大部分选用铝镁锰合金板。其主要结构形式是：首先，将 T 型铝合金固定支座固定在主檩条上；其次，将屋面防水板扣在固定支座上，最后，用电动锁边机将屋面板的搭接扣边咬合在一起。

本章以天津团泊国际网球中心为例，对直立锁边铝镁锰合金金属屋面系统施工技术进行了介绍，从施工安装工艺流程、屋面板材料加工工艺、施工控制要点等几方面进行了阐述。

天津团泊新城国际网球中心金属屋面呈圆形分布，总面积为 7200㎡，整个金属屋面坐落于钢管桁架结构体系上，屋面系统采用"雅典特"直立锁边咬合式点支撑高立边金属屋面系统，并沿屋面四周设置不锈钢排水天沟，如图 10-1 所示。它不仅在隔热、吸声等功效上有良好的效果，而且在第一道面层防水上采用金属压型板相互扣接，形成密闭的主层防水，在屋面系统的内部也设置了多道辅助防水层，将回返的毛细雨水或冷凝水通过内部空腔的通风功能，直接蒸发掉。

图 10-1 效果图

1. 屋盖结构介绍

整个屋盖由 48 榀环向布置的桁架组成。桁架分为两种形式 ZHJ-1 和 ZHJ-2（其区别主要在于外延口是否连接焊接球），呈环向布置。如图 10-2、图 10-3 所示。

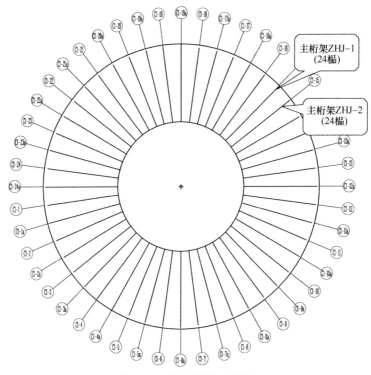

图 10-2 屋面桁架布置图

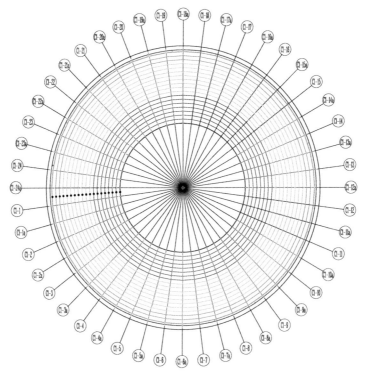

图 10-3 檩条平面布置图

2. 檩条系统概述

（1）主檩条

主檩条为 200×150 工字钢，沿 48 榀桁架上弦管布置（找坡 4%，内高外低），在天沟（天沟净宽 450mm）处断开约 550mm。如图 10-4 所示。

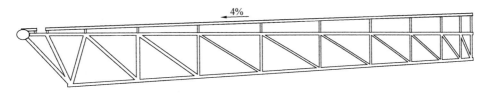

图 10-4　主檩条示意图

（2）次檩条

次檩条由 200×100×5（方钢）、160×80×4（方钢）、⌐200×70×20×2.5（槽钢）组成，并对以上檩条进行煨弯处理，沿外围朝圆心方向依次布置。

（3）连接节点

次檩条与主檩条通过角钢螺栓相连，如下：

1）方钢次檩条与主檩条连接节点，如图 10-5、图 10-6 所示。

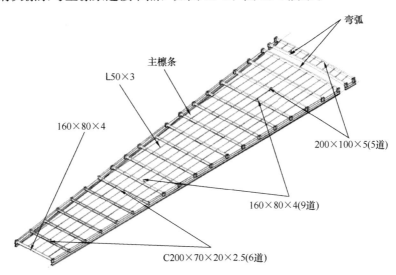

图 10-5　次檩条示意图

2）C 型钢次檩条与主檩条连接节点，如图 10-7 所示。

（4）檩条施工技术

1）测量放线

次檩条呈环形布置，各环向檩条由内向外同心布置，采用全站仪对其详细定位，并做好标记。最后，复核檩条对角连接节点间的相对距离，以减小放线误差。

2）檩托安装

檩托采用角钢制作，安装前需确认檩托的安装部位及其规格，防止安装错误，安装顺

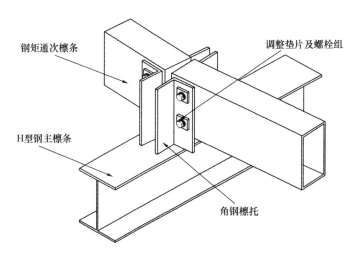

图 10-6 方钢次檩条与主檩条连接节点

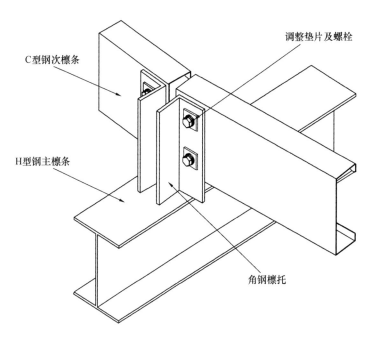

图 10-7 C 型钢次檩条与主檩条连接节点

序由每个单元由内向外进行安装；根据测量提供安装点位和高程先进行点焊固定，复核无误后再进行满焊。

3）檩条安装

根据钢结构设计标高值计算出屋面系统主檩条安装标高，主檩条采用吊车辅助安装，檩条就位时控制好其安装尺寸，调整檩条底端距檩托中线距离，檩托部位的檩条出檩托板中线位置时应在可调节范围内，为保证水平向檩条安装完毕后的伸缩性能，两檩条檩托部位要留有 2cm 的间隙；在保证了各安装精度后，观测其整条轴线的弧度是否平滑、顺畅；确认符合设计要求后再拧紧螺栓，最终固定。

3. 穿孔吊顶板安装技术

（1）穿孔吊顶板介绍

穿孔吊顶板采用 0.6mm 厚穿孔压型钢板，穿孔率约为 20%，孔径 3mm，板型如图 10-8 所示。吊顶板标准扇布置图，如图 10-9 所示。

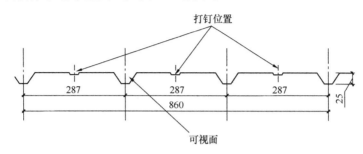

图 10-8　穿孔吊顶板

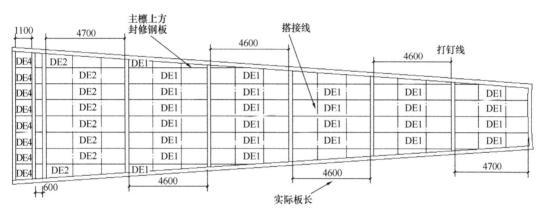

图 10-9　吊顶板标准板

（2）穿孔吊顶板安装

1）穿孔底板测量控制

① 复核钢结构

按屋面布置图、主体结构轴线、标高进行全面的测量放线，同时将测量偏差数据反馈至设计人员，由设计人员提出处理意见。对于主体施工超差不能满足屋面安装的，及时反馈与业主、监理公司及有关施工单位，以便及时协调处理。

② 屋面结构测量

通过水准基准点，使用经纬仪、钢卷尺、全站仪等仪器进行引测。径向方向坐标的测定，主要是用钢卷尺沿半径方向测量传递，用经纬仪确定平行于基准线方向。

测量过程中严格控制测量误差，垂直方向的偏差不大于 10mm，水平方向偏差不大于 4mm，测量须经过反复检查、核实。

测量时应掌握天气情况，在风力不大于 4 级时进行，确保数据准确。

2）穿孔底板安装

檩条安装完毕，钢底板吊装采用专用吊装布带进行吊装，屋面临时堆放时用垫木垫实，用包装带捆扎牢固，随用随包装，防止大风刮飞，钢底板自下往上安装。板就位后，在板底采用自攻螺钉与檩条进行固定。

钢底板纵向搭接为上搭下，搭接长度≥60mm；钢底板横向两边反边对接处要位于主檩的纵向中线位置。

4. 吸声层安装技术

（1）吸声层介绍

吸声层采用 50mm 厚玻璃棉，容重 12kg/m³，附白玻璃丝布，其具体构造如图 10-10 所示。

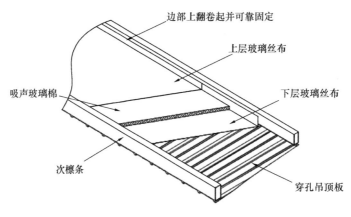

图 10-10　吸音棉构造图

（2）吸声层安装

1）材料检验

检查规格、数量、厚度、包装、受潮情况。对不合格的，特别为已受雨淋保温材料须进行清退或处理。

厚度测量：保温棉在打卷包装后充分压缩，厚度测量可在开卷拍打后或翻卷后过 4h 以上使保温棉充分回弹后测量。

2）吸声棉安装

吸声棉安装与底板交替安装，在安装底板后将吸声棉、玻璃丝布等吸声材料安装，应保证两块板间的密实度，最好是吸声棉比底板稍宽，安装板材时将吸声棉临时固定在板材上；此方法适合在屋面板已安装完毕，吸声棉能够充分固定。

5. 隔声板及其支撑龙骨安装技术

（1）隔声板安装

隔声板采用 8mm 厚玻璃纤维增强水泥加压隔声板，其支撑龙骨采用次檩条和 L50×3 角钢，水泥加压隔声板与龙骨之间采用不锈钢自攻钉固定，如图 10-11 所示。

纤维增强水泥板（2400mm×1200mm×8mm）布置图，如图 10-12 所示。

（2）隔声板安装注意事项

1）支撑角钢与次檩条连接时采用现场焊接，与 C 型钢次檩条连接时采用栓接；

2）铺设水泥板之前，在角钢龙骨上表面先铺设一层镀锌钢丝网，以保护水泥板；

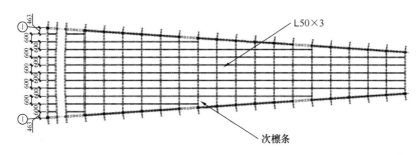

图 10-11　龙骨支撑平面布置图

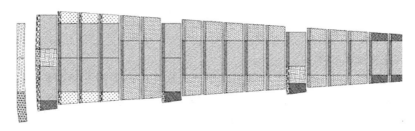

图 10-12　纤维增强水泥板布置图

3）水泥板与龙骨采用自攻钉固定；

4）水泥板不可承受集中荷载，铺设完成后注意成品保护，及时搭建通道或提前预留通道，避免任何形式的人工踩踏。

6. 保温层及隔汽层安装技术

（1）保温层、隔汽层介绍

保温层采用 50mm 厚岩棉板，容重为 80kg/m³；隔汽层采用防水透气膜，环向铺设，搭接量为 100~150mm。

（2）保温层安装

保温棉与屋面板安装同步进行，当先安装保温棉后再铺设屋面板时，保温棉与屋面板前后距离不宜太长，确保铺设的保温棉被屋面板覆盖。

保温棉在穿过固定座时，必须采用刀片在保温棉上开口后穿入固定座，严禁强行破坏保温层及铝箔膜。

7. 天沟系统安装技术

（1）天沟简介

屋面天沟为 2.0mm 厚不锈钢板制作，呈凹槽形，放置于钢支托和角钢护架上，两段天沟之间的连接方式为焊接，在天沟和型钢的连接处垫有防火、耐腐的柔性绝缘垫块。天沟的制作在工厂内进行，依据设计图纸，确定屋面天沟的展开尺寸，然后在大型折弯机上成型，以 4~6m 一段的形式，现场进行焊接。

（2）天沟安装思路及安装要求

1）安装思路

天沟龙骨安装→天沟板安装→天沟板调节焊接→焊缝检验检查→虹吸排水口安装→闭水试验→验收。

2）安装要求

首先，检查天沟外观视觉成型良好、无变形，表面涂层粘结牢固均匀、接搓平整富有光泽，转角涂层无凹陷。如钢构件在运输、堆放和吊装过程中产生的扭曲、涂层脱落等现象，须经矫正和修补合乎设计要求后再进行安装。

其次，安装前，用机械或等离子切割设备将檩条切割成形，切口必须确保平直、光滑而无钢刺。天沟吊装时保证构件中心线在同一水平面上，其误差不超过±1cm，上下水平，不平整的需用角铁等填充物垫平，误差不超过±6mm。

最后，将特定的天沟配件通过自攻钉固定于天沟之上，再将天沟支架焊接固定在已安装好的天沟配件上。

（3）天沟龙骨安装技术

因采用不锈钢板天沟，承重主要依靠其下部天沟支架，天沟支架安装时，要求顶面距两侧檩条面的距离与天沟深度相同，即天沟支架的标高保证每段天沟都能与支架完全接触，使天沟支架受力均匀。天沟钢骨架在安装屋面檩条时一并吊装，骨架在地面拼装成段，在屋面上进行焊接固定。

安装天沟支架前必须进行天天测量，天沟放线必须与屋面板材在天沟位置标高的同步进行，在确保天沟的水平度与直线度的同时应保证屋面固定支座的安装尺寸，防止天沟上口不直或天沟骨架在安装铝支座的位置坡度不一，使天沟无法固定。

（4）天沟搭接、焊接

两段天沟之间的连接方式为氩弧焊接，焊接前将切割口打磨干净，焊接后采用轻度磨料、酸洗膏除去焊接的回火颜色，以保证饰面一致。搭接时注意对接缝间隙不能超过1mm，先每隔10cm点焊，确认满足焊接要求后方可满焊。天沟焊接采用搭接焊，搭接长度在60mm左右。天沟焊接后不应出现变形现象，否则会引起天沟积水，可在焊接两侧铺设湿毛巾预防。

屋面中部分天沟为大弧线天沟，为加快天沟安装速度，可在地面将2～3节天沟拼成一体，然后吊装至屋面进行安装，大大提高工作效率。

屋面排水有虹吸需要的，在安装时应注意确定相应的落水孔位置。所有的工序完成以后，应进行统一的修边处理，清理剪切边缘的毛刺与不平。最终完工后，要对天沟进行清理，清除屋面施工时的废弃物，特别是雨水口位置，要保证不积淤，确保流水顺畅。

（5）焊缝检查

每条天沟安装好后，除应对焊缝外观进行认真检查外，还应在雨天检查焊缝是否有肉眼无法发现的气孔，如发现气孔渗水，则应用磨光机打磨该处，并重新焊接。

（6）与虹吸排水口安装

安装好一段天沟后，先要在设计的落水孔位置中部钻虹吸排水孔，安装虹吸排水口，避免天沟存水，对施工造成影响；雨水斗与屋面天沟用氩弧焊满焊连接。

（7）闭水试验

天沟安装完成后，应进行天沟的闭水试验，闭水试验时天沟内部灌水应达到天沟最大水量的2/3，且闭水达到48h以上，天沟灌水后应立即对天沟底部进行全面检查，直到

48h不漏水为止，如有漏水点应及时进行补焊处理。

8. "T"码固定及屋面板安装技术

（1）屋面板支座（"T"码）的安装

"T"码即直立锁边金属屋面点支撑系统的铝合金T型固定支座。"T"码是将屋面风载传递到次檩的受力配件，如果支座水平位置偏差超过5mm（即该支座与其他支座纵向不在一条直线上），必然影响板在纵向的自由伸缩。当板受热膨胀时，可能会在偏差支座处受到过大阻力作用下隆起，或板肋在长期的摩擦力作用下破损造成漏水。它的安装质量直接影响到屋面板的抗风性能，"T"码的安装误差还会影响到金属面板的纵向自由伸缩，因此，"T"码安装成为金属屋面的关键技术。如图10-13、图10-14所示。

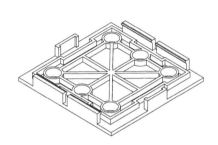

图10-13　铝合金支座　　　　　　图10-14　绝缘隔热垫

1）安装"T"码

用电钻螺丝枪打自攻螺丝，要求螺丝松紧适度，不出现歪斜，当螺丝歪斜或滑丝时方可打入另一侧的自攻螺丝调整其位置。

安装"T"码时，其下面的隔热垫必须同时安装，每钻完一个螺丝孔，立即打一颗螺丝。每个"T"码要求对称打两颗螺丝，临边部位螺丝数应适当加密。"T"码的安装间距为410mm，纵向、横向允许误差均要求不大于±2.0mm，如超出允许偏差必须重新打或加固一颗螺钉。安装时螺钉与电钻必须垂直于配件表面，扳动电动开关，不能中途停止，螺钉到位后迅速停止下钻。这时，面板支架位置会有一点偏移，必须重新校核。如图10-15所示。

图10-15　T型固定支座安装图

2）复查"T"码位置

用拉线的方法检查每一列"T"码是否在一条直线上，如发现有较大偏差时，在屋面板安装前一定要纠正，直至满足板材安装的要求。

面板支座（"T"码）沿板长边方向的位置要保证在檩条顶面中心，支座在水平面产生扭转角度是支座安装易产生的通病，其产生的原因主要是在固定螺钉时，支座未压紧或标尺间隙过大，支座在扭转力的作用下产生旋转，该偏差也会使板肋产生摩擦造成漏水。此外，在支座安装时如发现标高有误差，须对檩条进行调整，以确保支座达到安装要求。

"T"码铝支座安装尺寸偏差要求，见表10-1。

支座安装尺寸偏差表　　　　　　　　　　　　表 10-1

序号	项目内容	允许误差
1	横向角度	$<1°$ 屋面基准线
2	纵向角度	$<1°$ 屋面基准线
3	纵向固定座高差	d $<d/200$ 屋面基准线
4	横向固定座高差	$<5mm$ 屋面基准线
5	纵向轴线偏差	固定座轴线 $<2mm$

（2）屋面板的安装

1）放线：在"T"码安装合格后，只需设板端定位线，一般以板出排水沟边缘的距离为控制线，板块伸出排水沟边缘的长度以略大于设计为宜，以便于修剪。

2）就位：将板抬至安装位置，就位时先对准板端的控制线，然后将搭接边用力压入前一块板的搭接边，最后检查搭接边是否紧密接合。

3）咬边：屋面板位置调整好后，用专用电动咬边机进行咬边，要求咬过的边需连续、平整，不能出现扭曲和裂口。在咬边机咬合爬行的过程中，其前方1mm范围内必须用力卡紧使搭接边接合紧密，这是机械咬边的质量控制要点。当天就位的屋面板必须完成咬边，以免来风时板块被吹坏或刮走。

4）板边修剪：屋面板安装完成后，需对边缘处的板边进行修剪，以保证屋面板边缘整齐、美观。屋面板伸入天沟内的长度以不小于80mm为宜。

（3）屋面板的安装要点

在完成屋面板安装前的测试之后开始进行屋面板的安装。铝合金屋面板安装采用机械式咬口锁边。屋面板铺设完成后，应尽快咬合，以提高板的整体性和承载力。

当屋面板铺设完毕，核实轴线后，将面板与支座对好，先在板端用手动咬边机咬合，再将咬口机放在两块屋面板的肋边接缝处上，由咬口机自带的双只脚支撑住，防止倾覆。

屋面板安装时，先在板与板咬合处的板肋进行来回走动，边走边用力将板的锁缝口与板下的支座踏实，踏实后拉动咬口机的引绳，将屋面板咬合紧密。

9. 性能评价

天津国际网球中心直立锁边金属屋面的顺利实施，确保了 2013 年东亚运动会的顺利举办，同时证实了该屋面系统具有先进固定方式、良好伸缩性能、高抗风压性能、耐腐蚀性及生产灵活等特点，保证了其致密防水的功能。屋面板肋直立、排水截面大，更能保证屋面板在横向倾斜情况下的防水性能，是一种先进的屋面防水系统。如图 10-16 所示。

图 10-16　成型效果图

第十一章　螺旋上升式弧形钢筋桁架楼承板安装技术

体育场馆造型多样、结构复杂，越来越多的体育馆结构中采用钢筋桁架楼承板形式，其从施工角度来讲，施工高效、便捷，适用于较复杂多变的结构设计中，具有较好的承载能力；钢筋桁架楼承板将混凝土楼板中的钢筋与施工模板组合为一体，不仅能够承受一定的混凝土自重及施工荷载的承重构件，并且该构件在施工阶段可作为钢梁的侧向支撑使用。在使用阶段，钢筋桁架与混凝土共同工作并承受荷载。与传统的施工方法不同，在施工现场，可以将钢筋桁架楼承板直接铺设在梁上，然后进行简单的钢筋工程，便可浇筑混凝土，楼板施工不需要架设木模板及脚手架，底部镀锌钢板仅做模板用，不替代受力钢筋。并且，楼板的主要受力钢筋在自动控制生产线上进行定位和焊接成型，钢筋排列均匀、位置准确、施工快速，可减少现场钢筋绑扎工作量 70％ 左右，大大缩短工期并节省成本。采用钢筋桁架楼承板的钢-混凝土组合楼盖，可减少次梁，抗剪栓钉焊接速度快，施工质量稳定。作为一种成熟的新技术，钢筋桁架楼承板已在国内外体育建筑中大量应用，在多高层建筑中具有广阔的应用前景。

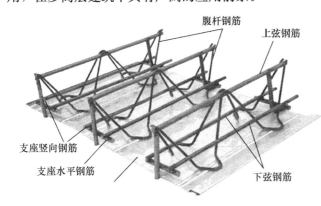

图 11-1　钢筋楼承板

1. 技术背景

本章将以萨马兰奇纪念馆建筑为背景，详细阐述钢筋桁架楼承板在复杂结构中的应用技术。

萨马兰奇纪念馆坐落于天津市静海区体育大道和团泊大道交口处，总建筑面积 17425m²，场馆按照"8"字形设计，由两个交合的圆环组成。主楼为地上二层、地下一层的钢框架结构，钢结构主要分布在 A 环和 B 环的地上结构中。其中 A 环直径 76m，B 环直径 68m，钢结构由钢管柱、箱型柱、H 型钢梁、H 型钢桁架组成，整个结构呈环形坡道形状，结构最高点钢梁顶标高为 16.35m。楼板均为钢筋桁架楼承板，圆形结构，螺旋式布置。如图 11-1、图 11-2 所示。

2. 设计安装协同施工必要性分析

以往钢筋桁架楼承板施工中，铺设在水平钢梁上，进场楼承板不需要二次加工，可直接安装施工。而该案例工程楼承板安装在螺旋上升式弧形钢梁上，楼承板整体排布后成扇形，若从一端沿着一个方向向另一端铺设，会使误差累计越来越大，所以如何确保钢筋桁

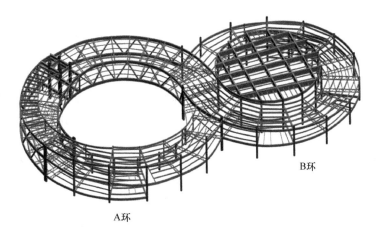

图 11-2　萨马兰奇纪念馆结构示意图

架楼承板二次切割后均匀排布，是该项技术的重难点。

在钢筋桁架楼承板施工中会遇到如下 3 种工况：

（1）楼板混凝土达到设计强度后与钢筋桁架楼承板共同承担组合荷载作用；

（2）楼板浇筑混凝土时钢筋桁架楼承板独立承担混凝土自重产生的荷载；

（3）钢筋楼承板上混凝土已部分硬化但未达到设计强度值时，楼板混凝土自重及施工产生的荷载几乎完全由钢筋桁架楼承板承担。而往往设计师在受力计算的时候，通常会考虑第一种第二种工况，对于第三种工况却常常忽略。

3. 设计安装协同施工技术

（1）承载力计算

设计院对钢筋桁架楼承板本身的承载力极限进行验算，经验算，TD3-70 型板，最大无支撑跨度为 3.2m；TD3-100、TD6-100 型板最大无支撑跨度也在 10m 以内，工程钢筋桁架楼承板的支撑梁间距最小跨度在 14m 以上，且混凝土自重及可能产生的活荷载值大于钢筋楼承板承载力极限，故在钢筋楼承板上混凝土强度达到设计强度前，须设现场支撑以满足施工要求。如图 11-3 所示。

（2）施工环节

1）施工段划分

根据工程体量、设计特点、

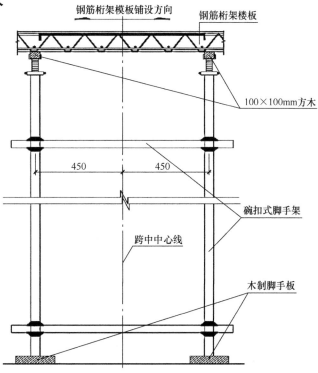

图 11-3　临时支撑大样图

65

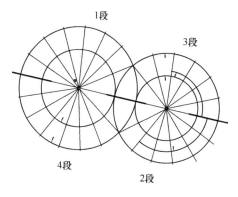

图 11-4 施工段划分

施工资源配置及钢结构安装进度,本着合理、方便、快捷的原则,分4个流水段,流水段布置如图 11-4 所示。

2)工艺流程

弹线→清板→吊运→布板→切割→压合→侧焊→端焊→留洞→封堵→验收→栓钉→布筋→埋件→混凝土浇筑及养护。

3)钢筋桁架楼承板安装技术

① 为加快施工进度,需按照总体的施工顺序,对各区段按顺序开展,并对各楼层楼板的吊装进一步细化,根据其铺设位置吊装,减少现场倒运次数,使现场施工更加简明、快捷。吊车站位如图 11-5 所示。

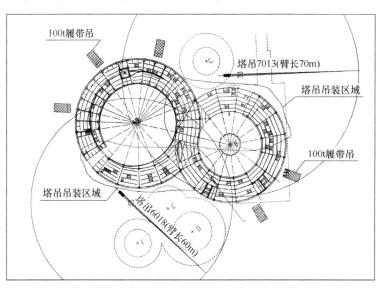

图 11-5 吊车站位图

② 钢筋桁架模板铺设施工顺序:钢梁为螺旋式上升弧形结构,为保证钢筋桁架楼承板铺设找角准确,铺设连续均匀,故需先铺设中线位置的钢筋桁架楼承板,从中间再向两边铺设。随着弧度的变化,将钢筋桁架楼承板切割成相应的扇形。如图 11-6 所示。

③ 楼板铺设前,应按图纸所示的起始位置确定基准线。对准基准线,安装第一块板,将其支座竖筋与钢梁点焊固定。再依次安装其他板,在铺设过程中每铺设一跨板需均进行尺寸校对,若

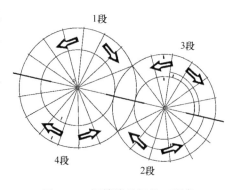

图 11-6 钢筋楼承板施工顺序

有偏差要随即调整。钢筋桁架楼承板吊运时采用专用软吊索,每次吊装时应检查其是否有撕裂、割断现象;钢筋桁架楼承板搁置在钢梁上时应防止探头;铺料时操作人员应系好安

全带。

④ 楼板连接采用扣合方式，板与板之间的拉钩连接紧密，保证浇筑混凝土时不漏浆，同时注意排板方向要一致，桁架节点间距为 200mm，注意不同模板的横向节点要对齐。钢筋桁架楼承板间用专用夹紧钳咬合压孔连接，端头用专用镀锌侧模钢板与钢筋桁架楼承板或钢梁点焊。在钢筋桁架楼承板与混凝土墙连接时，应加设角钢，并用膨胀螺栓固定在混凝土墙上。如图 11-7～图 11-11 所示。

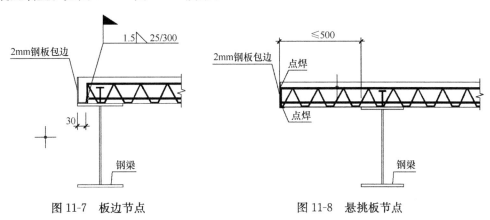

图 11-7　板边节点　　　　　　　图 11-8　悬挑板节点

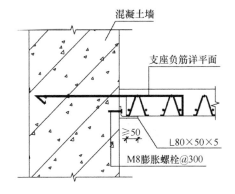

图 11-9　钢筋楼承板与混凝土墙或梁节点

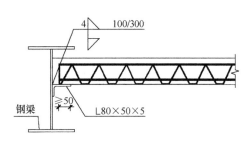

图 11-10　端部与钢梁不等高时的节点

⑤ 平面形状变化处（钢柱角部、核心筒转角处、梁面衬垫连接板等），可将钢筋桁架模板两端切割，切割前应对要切割的尺寸进行放线、复核。可采用机械，切割时尽量选择桁架接点的部位，但必须满足设计搭接的要求，切割后的钢筋桁架模板端部仍需按照原来的要求焊接水平支座钢筋和竖向支座钢筋，若在节点中部切断，腹杆钢筋也需焊接在竖向钢筋上，就位后方可进行安装。当楼面层结构标高变化不一致时，采取加焊 Z 型支架及附加钢筋措施，使水平结构呈台阶

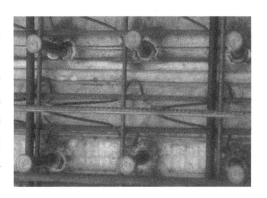

图 11-11　栓钉的"穿透焊"焊接

过渡；降低标高时，在工字梁腹板加焊 Z 型支架和附加钢筋。如图 11-12、图 11-13 所示。

图 11-12　钢柱与桁架板交接处设置角钢

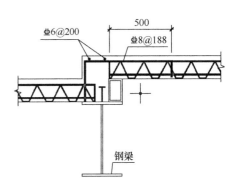

图 11-13　节点图

⑥ 跨间收尾处若板宽不足 576mm，可将钢筋桁架模板沿钢筋桁架长度方向切割，切割后板上应有一榀或二榀钢筋桁架，不得将钢筋桁架切断。

⑦ 钢筋桁架平行于钢梁端部处，底模在钢梁上的搭接不小于 30mm，沿长度方向将镀锌钢板与钢梁点焊，焊接采用手工电弧焊，间距为 300mm。如图 11-14 所示。

⑧ 钢筋桁架垂直于钢梁端部处，模板端部的竖向钢筋在钢梁上的搭接长度应 ≥5d（d 为下部受力钢筋直径），且不能小于 50mm，并应保证镀锌底模能搭接到钢梁之上。如图 11-15 所示。

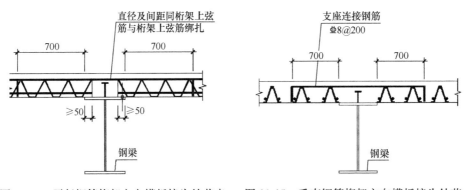

图 11-14　平行钢筋桁架方向模板接头处节点　　图 11-15　垂直钢筋桁架方向模板接头处节点

⑨ 待铺设一定面积后，须按要求设置楼板支座连接筋、加强筋及负筋等。连接筋等应与钢筋桁架绑扎连接。并及时绑扎分布钢筋，以防止钢筋桁架侧向失稳。

⑩ 边模板安装时应拉线校直，调节适当后利用钢筋一端与栓钉点焊，一端与边模板点焊，边模板底部与钢梁的上翼缘点焊间距 300mm。

⑪ 若楼板有开洞要求时，施工应预留。切割时宜从下往上切割，防止底模边缘与浇筑好的混凝土脱离，切割可采用机械切割进行。

第十二章 超细无机纤维十装饰板 组合保温系统技术研究

随着节能在体育建筑施工中越来越被重视，保温作为节能的重要组成部分也日益受到人们的关注，而超细无机纤维喷涂保温组合装饰板封闭保温施工技术作为一种新材料、新工艺作用也日益凸显。

超细无机纤维喷涂是一种新型环保建筑材料，主要由无机纤维与水基型胶粘剂组成，经拌和后通过空压泵进行喷涂，与雾化水混合喷到需要保护的基材上形成涂层。高密度纤维水泥加压板也是一种新型的建筑装饰用板材，它具有轻质、高强、保温、隔声、防潮、防火、易加工等良好的技术性能，且不受自然条件影响，有不发生虫蛀、霉变及翘曲变形等优点。该板材与超细无机纤维喷涂保温层通过龙骨进行复合形成一个墙体保温系统，大大增强了节能保温性能。近年来，越来越多的超细无机纤维保温材料应用于体育场的节能中，其大大缩短了施工周期，提高了产品质量的稳定性，也提高了整个保温系统的寿命。

天津市团泊新城西区的国际网球中心是一座新型节能绿色建筑，该工程建筑面积 $44020m^2$，包含了半决赛场以及体育会所两个建筑单体，本工程的两个建筑单体在围护墙以及室内保温系统上大量应用了超细无机纤维喷涂保温施工技术。

1. 技术特点

（1）解决了传统技术限制，尤其针对结构能量散失大、冷热桥点多、结构复杂、异型曲面多样等特点、整体适用纤维喷涂技术，从根本上解决了传统绝热材料（玻璃棉毡、聚苯板等型材）接缝多、密封性差、安装工序复杂、易老化变形等问题，大大提高了建筑的整体绝热性能，使其能源损耗和运营成本显著降低。

（2）超细无机纤维喷涂保温系统绝热值高，绝热系数可达 $0.0346W/(m \cdot ℃)$，保证了良好的保温性能，特别是在复杂结构或异性结构上喷涂，使绝热层形成了一个密闭无接缝的整体，有效的阻断了冷热桥，提高了保温效果，从根本上解决了传统绝热材料接缝多，与基体粘接不牢、易脱落、易变形等问题，同时也减少了能源消耗及能源设备投资。

（3）施工工艺简便、可操作性强，采用机械化施工，效率高；可直接喷涂于钢材、混凝土、木材、玻璃、石膏板、塑料等材料表面上，无需使用其他任何支撑、挂件和加固材料。

（4）可以在任意复杂异型结构表面随意喷涂，尤其基体安装有复杂密集的吊挂件、管线，即使是施工人员也很难到达的空间，均可轻松喷涂施工。

该保温系统施工技术主要适用于体育馆、地下车库、博物馆、图书馆、办公大楼、工业厂房等各种复杂部位的混凝土、砌体墙、木材、玻璃等各类基层表面以及各类幕墙构造层内形成的幕墙保温系统。

2. 工艺原理

采用专用纤维喷涂机将超细无机纤维喷涂棉及稀释后的水基粘接剂，同时喷涂至设计范围的结构表面，其干燥固化成型后形成密闭无接缝的纤维喷涂层，并将该保温层通过装饰板封闭起来的一种保温系统，如图12-1所示。

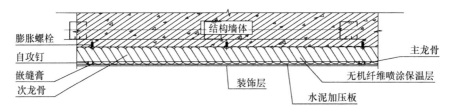

图12-1　超细无机纤维喷涂保温系统断面图

3. 施工技术要点

（1）工艺流程（图12-2）

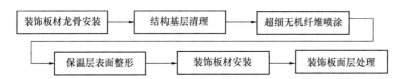

图12-2　超细无机纤维喷涂保温系统工艺流程图

图12-3　龙骨安装图

（2）技术要点

1）装饰板材龙骨安装

根据结构墙体不同位置及形状可分别安装不同大小规格的C型轻钢龙骨轻钢龙骨，龙骨规格及间距等可根据板材类型进行设计确定，主龙骨通过膨胀螺栓固定在结构墙体上，次龙骨通过自攻钉与主龙骨连接增加整个保温系统的整体稳定性，如图12-3所示。

2）结构基层清理

① 用压缩空气或清水清理喷涂基面灰尘和污垢；检查龙骨安装及预埋件是否牢靠，应将松动部件紧固，如原基面已经损坏或有严重裂缝，应先进行修补。

② 对门窗及各种设备、管线和非喷涂部位防护遮挡，封堵非喷涂部位及通风管线通孔。

③ 清理工作面的障碍物，保证喷涂手移动空间的顺畅及其安全性，保持最佳喷射距离和喷涂角度。

3）超细无机纤维喷涂

① 材料配制

打散压缩超细无机纤维棉，连续将喷涂棉填入喷涂机内，并保持料箱内纤维材料充足。

由专人负责按喷涂胶使用说明，使用洁净水在专业配套容器（安装有高速搅拌器的200L刻度塑料容器）内稀释粘接剂原液，严格控制配制比例，不得随意增加水量稀释，并持续开动电动搅拌器进行均匀搅拌，搅拌时间不少于5min，每桶逐一调配，随用随配，避免胶液冻结失效。

② 基层表面预喷底涂层

基层表面清洁后，即可使用已配好的喷涂粘接剂对基面预喷胶处理，胶量适当均匀，不流淌。

③ 超细无机纤维喷涂

喷涂设备调试，应严格按照设备操作说明试验喷涂主机风压、胶泵压力和给料装置，通过样板试喷、胶液流量和出棉量的测量，逐步调整风压范围和进料搅拌速度，直到纤维喷涂状态稳定，达到喷涂工艺的要求。

确定喷涂部位，对龙骨及非喷涂部位做标记和必要的防护。

分区安放厚度标尺（标块），然后进行喷涂。喷涂角度应符合技术要求，以便获得较大的压实力和最小的回弹。对于喷涂厚度小于100mm的喷涂层可一次喷涂完成。

4）保温层表面整形

待喷涂保温层表面干燥约半小时后，根据保温或吸声工程的不同要求，使用毛滚、铝辊、压板或铝合金杠尺等不同工具进行表面整形。并在整形后的产品表面再次喷涂粘接剂涂层，以增强表面强度。如图12-4所示。

5）装饰板材安装

保温层整形完成后进行板材安装封闭，装饰板材采用高密度纤维水泥加压板，水泥加压板长边自带卡槽卡扣固定于主龙骨

图12-4　保温整形图

上，并用弹性嵌缝膏嵌缝，其余位置按等间距固定与主龙骨连接，上下板材接缝应互相错开。

6）板材面层处理

① 板材接缝处理

水泥加压板长边接缝处应设置双龙骨，不得固定于同一根主龙骨上，板缝宜控制在8～12mm之间。

板缝清理干净后用抗裂砂浆加108胶进行嵌缝，对板缝必须刮平并用砂纸或手提式磨光机进行打磨处理，使其平整光洁。

② 面层处理

在板材面层满铺纤维网格布和抗裂砂浆抹平，防止由于板材接缝较多而产生裂缝。面层涂饰，满刮腻子两道后涂刷乳胶漆。

（3）质量控制

1）主控项目

① 喷涂材料品种、质量、规格必须符合设计要求和本规程规定。

检查方法：核查材料出厂合格证或质量证明文件、出厂检验报告、复试报告、进场验收记录。

② 检查基层表面清洁状态，不允许有孔洞、疏松、起皮、开裂、漏水、油污、粉尘等缺陷隐患；

检验方法：对照设计、施工方案观察和手摸方法检查，核查基层质量合格验收记录。

③ 基层表面清洁合格后可进行预喷胶的底层处理，随即进行纤维棉喷涂工序，并有详细文字和必要图像资料记录。

检验方法：对照设计和施工方案观察检查，核查隐蔽喷涂施工的记录。

④ 喷涂层表面整形后，即可进行表面喷胶的面涂层处理，并有详细的文字和必要的图像资料记录。

检验方法：对照设计和施工方案观察检查，核查本工序喷涂施工记录。

⑤ 喷涂层干燥固化后，对喷涂层表面状态进行检查，不允许有脱落、开裂和飘洒等缺陷。

检验方法：对照设计和施工方案观察检查，核查本工序喷涂施工记录。

⑥ 喷涂层干密度应符合设计要求。

检测方法：随机抽取同样施工条件下喷涂的 150mm×150mm 样快，喷涂厚度与实际工程中的设计厚度相同，干燥固化后，从样板基层上剥离取下，用尺子和天平等测量工具逐一进行体积和重量测量，并计算出样板的平均密度值。

⑦ 轻钢龙骨、水泥纤维加压板必须有产品合格证，其品种、型号、规格应符合设计要求。

检查方法：核查材料出厂合格证或质量证明文件、出厂检验报告、复试报告、进场验收记录。

⑧ 轻钢龙骨使用的紧固材料，应满足设计要求及构造功能。安装轻钢骨架应保证刚度，不得弯曲变形。骨架与基体结构的连接应牢固，无松动。

检查方法：对照设计和施工方案观察检查，核查轻钢龙骨施工的记录。

2）一般项目

① 喷涂层表面需要喷涂颜色时，整体色度应均匀，无明显色差和漏色缺陷。

检验方法：对照设计和施工方案观察检查，核查喷色验收记录。

检查数量：全数检查。

② 表面质量检查

喷涂层表面进行整形滚压后，应呈现自然、连续的纤维纹理，无明显滚压痕迹。

纤维喷涂工程表观质量应符合表 12-1 中的要求。

表观质量标准　　　　　　　　　　　表 12-1

喷涂部位	质量标准	检验方法
墙体	1. 喷涂层表面纹理自然均匀、无疏松、开裂； 2. 无明显色差和漏色； 3. 喷涂层形状与基层形状基本相同	目测观察

检验方法：对照设计和施工方案观察检查，核查隐蔽喷涂施工的记录。

轻钢骨架龙骨位置应正确、相对垂直。竖向龙骨应分档准确、定位正直、无变形，按规定留有伸缩量（一般竖向龙骨长度比净空短 30mm），钉固间距应符合要求。

检验方法：现场检查；

轻钢龙骨安装允许偏差，见表 12-2。

安装允许偏差表 表 12-2

项次	项目	允许偏差（mm）	检查方法
1	龙骨垂直	3	2m 托线板检查
2	轻钢龙骨间距	3	尺量检查
3	龙骨平直	2	2m 靠尺检查
4	板表面平整度	3	2m 靠尺检查
5	板立面垂直度	4	2m 托线板检查
6	接缝直线度	3	拉 5m 线，不足 5m 拉通线检查
7	阴阳角方正	3	用直角检测尺检查
8	接缝高低差	1	用钢直尺和塞尺检查

4. 效益分析

通过超细无机纤维喷涂保温系统进行外墙装饰保温施工，解决了传统技术限制。它能避免建筑热桥、基体冬季结露，可以保护主体结构减少温度应力，增加结构寿命；解决了传统绝热材料接缝多、密集性差、安装工序复杂、易老化变形等问题，大大提高了整体绝热性能，同传统工艺相比，施工工艺简单、便捷，现场可操作性强，降低了工人的施工难度，减少返工率，节省施工成本。经综合分析，经济效益和社会效益明显。

该项技术在团泊新城国际网球中心得到很好的应用，应用超细无机纤维保温喷涂系统施工效果较好。

第二篇

体育场馆钢结构施工技术研究

第十三章　倾斜式圆形钢结构屋盖及斜向钢柱安装技术

近年来，随着奥运会、世博会的举办，大型体育场馆的建设越来越多，该类型公共建筑的结构形式主要以钢结构为主，在满足使用功能的前提下，通过钢结构来实现结构外观的多样性、奇特性。

当前钢结构施工技术已较为成熟，如大跨度吊装，液压整体提升等核心技术，本章通过具体工程对圆形钢结构屋盖及斜向钢柱安装施工技术的应用进行总结。

本章主要阐述大跨度钢结构屋盖液压整体提升与高空散拼相结合的安装施工技术，两项技术的结合应用最大限度地提高了工作效率，大型屋盖或桁架的整体构件在地面进行拼装，也大大提高了施工安全，整体构件的吊装也为高空散拼提供了操作平台，提高了工效。

1. 钢结构概况

天津团泊新城国际网球中心工程位于天津市静海区团泊新城西区，工程主要由半决赛场和体育会所两个建筑单体组成，是 2013 年的天津东亚运动会及 2017 年第十三届全国运动会的网球比赛场馆。该网球中心两个单体的钢结构造型基本一致，主要由一个圆形屋盖以及 96 根外围锥形斜钢柱组成，如图 13-1 所示。

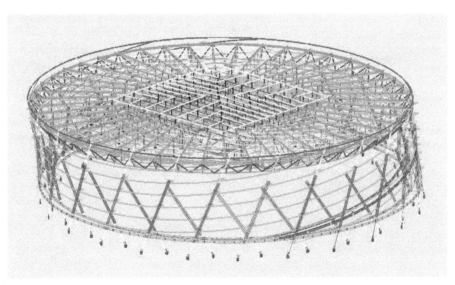

图 13-1　钢结构轮廓模型图

（1）屋盖简介

单体体育会所屋盖为半径 58.5m 的圆形钢结构桁架，该屋盖由中间天窗屋盖及外围屋盖组成，如图 13-2、图 13-3 所示。

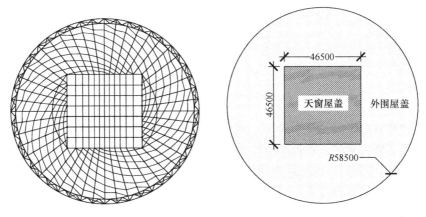

图 13-2　屋盖上弦平面布置图　　　　图 13-3　屋盖分区图

1）天窗屋盖

天窗屋盖为空间钢管桁架结构，材料为钢管截面，平面尺寸为 46.5m×46.5m，跨度为 46.5m，四周支承，支座为刚性支座。屋盖由 6 榀 TCZHJ1、2 榀 TCBHJ1 及 2 榀 TCBHJ2、11 榀 TCCHJ1 组成，整体重量为 88.5t，屋盖下弦杆距结构层楼面为 14.6m，天窗钢结构屋盖平面布置如图 13-4、图 13-5 所示。

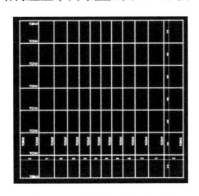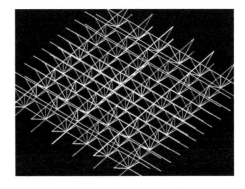

图 13-4　天窗桁架平面布置图　　　　图 13-5　天窗桁架模型图

2）外围屋盖

外围屋盖由 48 榀单元钢管桁架组成，各单元桁架通过上下弦杆连接，每榀单元桁架重约 7t，整个外围屋盖桁架与主体混凝土框架柱及斜钢柱连接。

（2）斜钢柱简介

本工程在混凝土结构外围共设 48 根斜向锥形钢柱与外围屋盖桁架连接，每根钢柱倾斜角度均不一致，每根钢柱重约 9.8t，如图 13-6 所示。

2. 液压整体提升与高空散拼相结合的屋盖安装技术

（1）技术特点

通过已施工完成的主体结构作为液压整体提升的受力点，结合液压整体提升及高空散

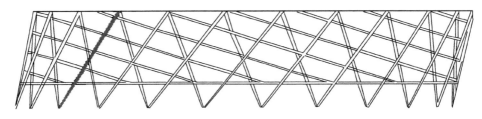

图 13-6 斜钢柱立面图

拼对接技术，有效地提高了工程质量，起到了"降本增效"的作用，同时缩短了安装工期，大大提高了施工安全。该技术适用于类似工程钢结构桁架安装。

1）采用"超大型构件液压同步整体提升施工技术"吊装钢屋盖，技术成熟，有大量类似工程的成功经验可供借鉴，吊装过程的安全性有充分的保障；通过钢屋盖的整体液压提升吊装，将高空作业量降至最少，加之液压整体提升作业绝对时间较短，能够有效保证项目的总体安装工期；液压同步提升设备设施体积、重量较小，机动能力强，倒运和安装方便；提升支架、平台等临时设施结构利用屋盖支座等已有结构设置，加之液压同步提升动荷载极小的优点，使得临时设施用量降至最小，有利于施工成本的控制。

2）整体提升至设计标高后采用高空散拼合拢对接技术，操作简便，不易产生误差，且可通过整体桁架搭设操作平台，保证施工安全。

（2）屋盖安装总体思路

1）分块吊装，高空散装，优势互补

整体安装总体思路为分块吊装，高空散装，优势互补。天窗屋盖与外围屋盖桁架地面拼装后，分单元整体吊装，外围屋盖桁架共分 16 个单元，每三榀桁架组装为一个单元，各单元间部分连接杆件进行高空散拼，天窗屋盖在地面整体拼装完成后再进行液压整体提升。

2）分区施工，流水作业

根据结构特征，对屋盖桁架进行分区作业，首先吊装东西两侧外围屋盖单元桁架，完成后再进行天窗区域屋盖安装，最后安装南北侧单元桁架整体合拢，如图 13-7、图 13-8 所示。

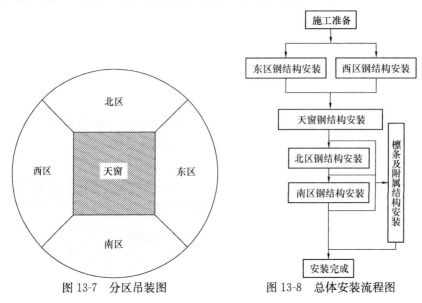

图 13-7 分区吊装图　　　　图 13-8 总体安装流程图

（3）外围屋盖安装施工方法

1）吊装单元划分

根据安装总体思路，首先在地面进行单元桁架拼装，3 榀桁架为一个吊装单元，每个吊装单元的长度为 35.25m，对吊装单元进行顺序编号，如图 13-9、图 13-10 所示。

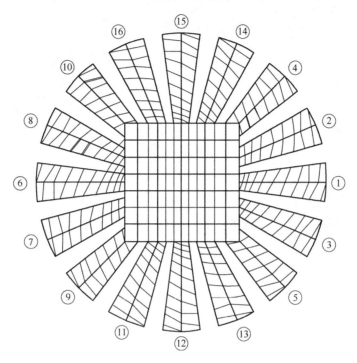

图 13-9 外围屋盖单元桁架吊装顺序图

2）吊装工况及机械选择

桁架吊装单元重约为 20t。钢结构吊装机械采用 250t 履带吊，主杆长 45.7m，副杆长 27.4m，当作业半径为 28m 时，额定起重量为 24.3t，满足吊装要求。

3）吊装路线选择

结合总体施工思路，250t 履带吊沿建筑物外围环形道路行走吊装，并辅以塔式起重机协助吊装。

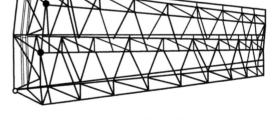

图 13-10 单元桁架模型图

（4）天窗屋盖桁架安装施工方法

1）安装工艺

借用已安装完成的主体结构安装整体提升平台，搭设提升架，根据计算对称设置 8 个提升点，待天窗屋盖桁架整体拼装完成后，进行液压整体同步提升，提升到位后进行高空散拼对接，如图 13-11、图 13-12 所示。

2）液压整体提升

① 提升平台设置

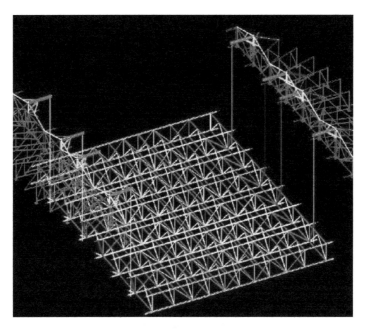

图 13-11　整体提升三维示意图

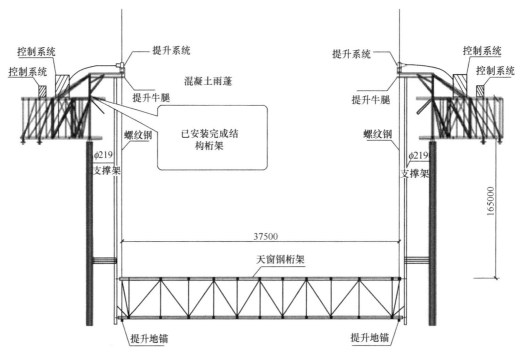

图 13-12　整体提升系统立面图

在已安装完成的结构桁架上安装提升平台，每个提升平台由提升横梁和斜撑组成，提升横梁为箱形，与钢管立柱焊接，斜撑下端也与钢柱（已完成结构）连接，如图 13-13、图 13-14 所示。

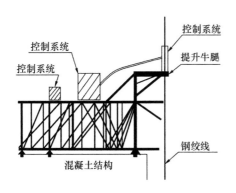

图 13-13　提升平台详图

图 13-14　提升平台三维图

② 液压提升系统安装

提升平台安装完成后，可用塔式起重机将 8 台液压提升器和 2 台 7.5kW 的液压泵站吊至提升平台并固定；提升器中的钢绞线需要在高空穿入，每台提升器穿 1 根钢绞线。连接泵站与液压提升器主油缸、锚具缸之间的油管，连接完成后检查一次；电缆线连接好泵站中的启动柜、液压提升器、就地柜和控制系统，完成后检查一次；放下疏导板至地锚上部，调整疏导板的位置，使疏导板上的小孔对准提升器液压锁的方向，注意不应使疏导板偏转超过 15°，以防钢绞线整体扭转，如图 13-15、图 13-16 所示。

图 13-15　液压提升器

图 13-16　液压提升终端

液压系统安装调试完成后，进行安装下吊点，下吊点设置在天窗桁架的下弦杆上，吊点中心距离钢管立柱 4400mm，桁架各杆件在制作断开处自然断开，断开点应当错开。

下吊点固定地锚，并调整地锚孔的位置，使其与疏导板孔对齐，将钢绞线穿入地锚中，穿出部分留长不小于 10cm。穿完后用地锚锚片锁紧钢绞线，注意钢绞线穿地锚时，应避免钢绞线缠绕，穿完后再检查一次。如图 13-17、图 13-18 所示。

③ 预提升加载

在提升系统安装完成后正式提升前，应进行预提升加载，观察整个提升系统的安全性。钢绞线作为承重系统，在预加载后，每根钢绞线应保持相同的张紧状态，调节泵站压力（3MPa），使每一根钢绞线均处于基本相同的张紧状态。

在一切准备工作做完之后，且经过系统的、全面的检查无误后，可进行正式提升。天窗桁架刚开始提升时，两侧的升缸压力应逐渐往上加，最初加压为所需压力的 40%，在

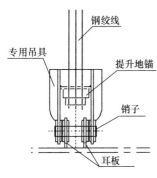

图 13-17　地锚详图

图 13-18　地锚详图

一切都稳定的情况下，可加到 60%、80%、90%、100%。在桁架提升离开胎架 50mm 后，应全面检查各承重构件。

天窗桁架提升离开拼装支架后，停止提升，延续 24h，观察各种结构设施的稳定性、安全性。24h 过后，结构稳定、安全，方可继续提升。

④ 正式提升

经预提升加载观察无异常后进行正式整体提升，在提升过程中，楼面测量人员利用水平仪测量每个吊点离地的高度，以便配合提升控制人员调节各个吊点的同步提升。提升过程中应密切注意地锚、钢绞线、提升器、安全锚、液压泵站的工作状态。重点控制整体提升的同步性，首先必须保证各台液压提升设备均匀受载，其次必须保证各个吊点在提升过程中保持在允许范围内的同步性，主要采取以下控制策略：

液压终端计算机控制，在终端计算机系统中根据结构特点分别设定主令点 A，从令点 B、C、D。将主令点 A 液压提升器的速度设定为标准值，作为同步控制策略中速度和位移的基准。在节流阀的控制下从令点 B、C、D 以位移量来动态跟踪比对主令点 A，各提升吊点在整体提升过程中始终保持同步，保证整体结构在整个提升过程中的平稳。

为防止设备控制系统的意外发生，在 A、B、C、D 四个控制点各垂直吊一根皮尺，四名监测员通过皮尺监测桁架提升高度是否同步。

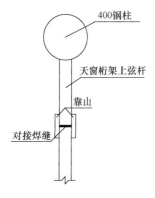

图 13-19　靠山对接

3）合拢对接

天窗桁架整体提升至设计标高后需与四周屋盖桁架进行高空合拢对接，对接采用高空散拼技术，为保证对接的精确及焊接质量，可采取如下控制措施：

① 首先在天窗桁架整体拼装过程中严格控制拼装尺寸，采用全站仪对节点位置进行测量，最大偏差不得超过 10mm。

② 对接时，在对接连接杆件端头两端焊接靠山以控制对接的准确，对接错边不得大于 1.5mm，如图 13-19 所示。

③ 对接接头焊缝为一级焊缝，合拢对接时从两端柱中间同步进行，合拢焊接时间控制在白天气温较高时段，以确保焊缝的施工质量。

3. 斜向锥形钢柱安装施工技术

（1）安装总体思路

根据屋盖单元桁架吊装顺序安装外围锥形斜钢柱，每两个屋盖吊装单元安装完成后随之安装钢柱，具体安装顺序如下：

1）屋盖桁架安装，以两个单元为一个安装组件（图 13-20）。

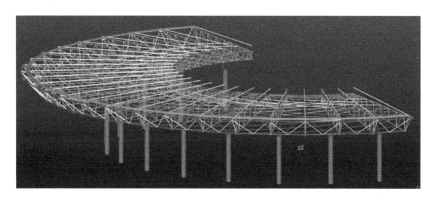

图 13-20　安装图一

2）每完成一个组件后，进行外围斜钢柱的安装（图 13-21）。

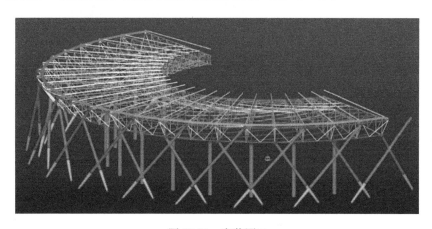

图 13-21　安装图二

3）每完成两根钢柱的安装后，安装连廊杆件（图 13-22）。

4）最后安装外墙连系杆件（图 13-23）。

（2）安装技术措施

由于每根钢柱吨位重，重量约 9.8t，并且由于吊装部位处于屋盖下方，受土建混凝土结构的影响，组件吊装空间减小，吊装困难，所以选用 QUY150C 型履带吊吊装，吊装过程中重点控制钢柱吊点的选择以及吊车行走幅度。斜钢柱的安装精度重点在于屋盖桁架的安装精度，如屋盖安装存在偏差，则钢柱就无法正常安装。

钢柱安装完成后，应采用经纬仪或全站仪对柱脚及顶部进行测量复核，以确保安装精度，如存在偏差，则影响安装在钢柱上的环梁及连系杆件的安装精度。

图 13-22　安装图三

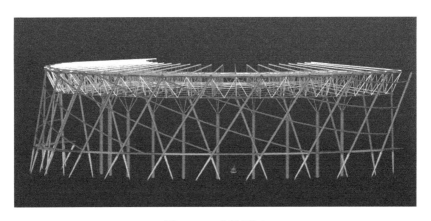

图 13-23　安装图四

（3）吊装技术措施

① 吊装前，应对钢柱的外形尺寸如长度、断面、挠曲等进行预检，发现问题立即采取措施。

② 吊装前，先根据钢柱吊装单元的实际情况计算出构件重量、重心，并根据重心位置选择吊点的位置和合适的吊具。

③ 所有吊点均采用捆绑式吊装法，为防止吊绳损伤油漆及母材，吊点位置加设橡胶垫或其他柔性保护材料。

④ 为保证结构的整体稳定性，减少屋盖桁架的受力及变形，钢柱吊装单元就位后吊车严禁松勾卸荷，待焊接完成冷却后方可卸荷。安装钢柱时，两边拉设缆风绳临时固定。

⑤ 钢柱安装前应进行整体变形计算工作，并以此作为结构加工、拼装的反拱变形的依据。安装就位后，马上初校。通过调整吊点位置来确保安装精度，校正后先作临时固定，然后拆除索具。所有侧向稳定风绳在吊装之前应挂设好。

4. 钢结构高空散拼焊接安全施工控制技术

本工程由于结构的特殊性，天窗桁架整体提升至设计标高后焊接安装过程及涂装作业中的安全防护措施尤为重要，本工程主要采取了以下安全防护措施：

（1）天窗桁架提升前在桁架上下弦杆分别设置水平安全网，并进行承载力试验。

（2）在桁架立杆上设置高 0.8m 的钢丝绳作为水平生命线，可用于施工人员操作过程中，系挂安全带及行走时的防护，如图 13-24 所示。

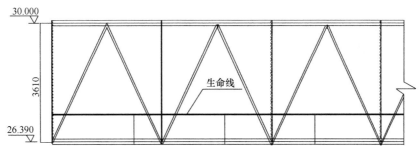

图 13-24　水平防水设置

（3）在每一榀需要对接的主桁架位置焊接临时爬梯及悬挂临时挂篮作为焊接操作平台，如图 13-25 所示。

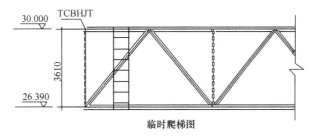

图 13-25　临时爬梯

（4）本工程桁架选用地面拼装，高空散拼的形式进行。在现场高空存在大量的焊接作业，为保证高空焊接过程中的安全，所有高空焊接必须在挂篮内进行，并保证安全带、安全帽、绝缘鞋等配备齐全，如图 13-26 所示。

（5）临时马道的设置，由于天窗桁架提升到设计标高后，需将天窗桁架与四周外围桁架进行对接，因此，必须设置临时上人通道，临时马道设置在已安装完成的外围桁架上下弦杆上，设置护栏并满铺脚手板，如图 13-27 所示。

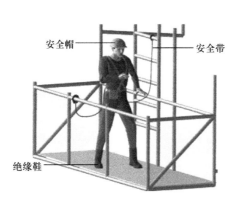

图 13-26　临时挂篮图

图 13-27　临时马道布置图

5. 技术实施检查

　　天津团泊新城国际网球中心由于其特殊的结构造型，在钢结构工程领域推广应用了液压整体提升施工技术，并通过独特的安装方法，使液压整体提升与高空散拼得到很好地结合与应用，得到了各责任主体以及政府监督部门的一致好评。整个工程竣工完成后经观测结构安全稳定、焊缝均匀饱满、杆件安装精度高、涂装到位，外观整体美观、新颖。如图13-28所示。

图 13-28　实体效果图

第十四章　巨型超重单跨拱形钢结构施工技术

钢结构与传统土木建筑相比，具有"轻、快、好、省"4个优异性能。在国外，钢结构建筑已发展一百多年，现已成为主流建筑，近些年国内钢结构的建筑也呈现快速增长趋势，伴随着国家体育场（鸟巢）以及中央电视台总部大楼等大型标志性工程的建设，钢结构已成为当今建筑业的新宠。

空间大跨度拱形管桁架结构美观，中间没有落地的支撑体系，层高较高，非常适合在体育场馆的看台上使用，观众坐在看台上没有压抑的感觉，提高了观看的舒适度，因此在大型的体育场馆和游乐设施上得到了广泛的应用。但是大跨度管桁架结构作为主要的受力体，要同时保证美观和使用两个方面的要求，导致了结构相对复杂、体积大，在工厂加工时就要面对大直径钢管的煨弯、大直径钢管的相贯线切割等问题，在拼装和安装时要面对拼装胎架难定位、小夹角焊接、空间多点定位、超高胎架安装、高空精确定位、安全卸载等问题。解决好上述问题是空间大跨度拱形管桁架结构施工的关键。

1. 曲棍球馆钢结构简介

曲棍球馆看台罩棚由 1 榀拱形主桁架及对称 16 榀次桁架构成，主次桁架采用直缝焊接圆钢管，次桁架之间采用三根圆弧管连接，节点类型为圆管相贯节点。主桁架截面为四边形，对角线长从 1.55m 过渡为 3.5m，管径为 600mm，跨度 121.86m，弧长 136.8m，最高点 31.8m，整体成梭形，桁架重 219t。16 榀次桁架呈对称分布，均为一端与主桁架相贯，另一端与混凝土柱顶埋件相接。次桁架截面成倒三角形，其中最大跨度为 33.04m。屋面为膜结构，下文将针对曲棍球馆看台罩棚钢结构的技术问题的解决措施进行阐述。看台如图 14-1、图 14-2 所示。

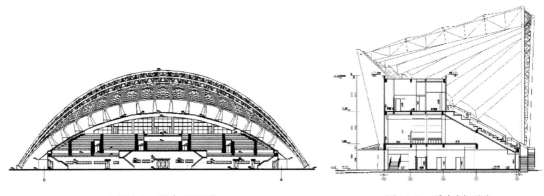

图 14-1　看台立面图　　　　　　　　　　图 14-2　看台剖面图

2. 主桁架制作工艺

主桁架为渐变的四边形拱形结构，由 4 根圆弧主管和 465 根腹杆组成，圆弧主管的型

号为 $\phi600 \times 16$ 和 $\phi600 \times 20$ 两种，腹杆全部为 $\phi219 \times 12$，截面为四边形，每一个截面会产生 5 个相关的尺寸，而每一个尺寸都不相同，而普通的桁架结构一般为三角形或平行四边形，并且每个截面尺寸都一样，因此对加工精度提出了更高的要求。

（1）主桁架的加工工艺流程

主桁架的加工工艺流程如图 14-3 所示。

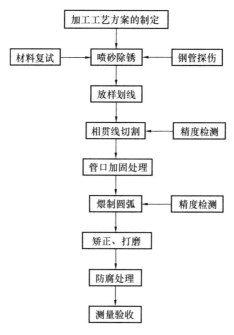

图 14-3　主桁架加工工艺图

（2）主桁架的加工工艺与方法

主桁架的加工工艺和方法见表 14-1。

主桁架的加工工艺和方法 表 14-1

工　艺	要　求
喷砂除锈	钢管除锈前首先对型号和外观进行检查，合格后，方可进行喷砂除锈，除锈采用封闭式抛射除锈，除锈等级达到 Sa2.5
相贯线切割	在三维线切割机 CNC. CG4000C 上进行相贯线的数控切割
管口加固处理	把桁架的主管的端部按照圆周均分六等份，用直径为 25mm 的圆钢进行加固
煨制圆弧	采用大型的数控拉弯机进行煨弯，煨弯的过程采用分布式成型，严格控制每次的煨弯量，钢管控制在塑性变形内
检查验收	煨制圆弧结束后，检查端部相贯线的相关数据，用事先制作的样板检查钢管的圆弧度
防腐处理	天津地区空气中盐碱的含量非常高，因此保证从第一道工序喷砂除锈直到煨制圆弧在 4h 内完成，并且所有的工序在室内完成，检查合格后喷涂第一遍底漆

（3）主桁架的加工技术要点

1）相贯线切割

为了确保钢管相贯线生产的准确、高效，保证各个贯口符合中国《钢结构焊接规范》GB 50661—2011 的相关行业标准，相贯线制作方法如下：

① 相贯线的数控编程

开启设备的数控编程系统，根据图纸所提供的详细的已知条件，依次输入所需的数据。例如：主管的直径、主支管的直径、副支管的直径、各钢管的壁厚以及空间中任意两相贯的钢管中心轴线的夹角等参数，输入完毕后，计算机会自动生成相贯线的曲线展开图，可以获得任意一点相对应的数据。

② 钢管基准线的标识

在检测合格的钢管上两端进行四等分圆，并利用粉线将其清晰的表示出来。

③ 切割

将做好标记的钢管吊到切割机上，利用卡盘将其牢牢地固定在支架上，调节支架的高度，使钢管的中心轴线与切割机的导轨相互平行。旋转卡盘并使钢管的其中一条四等分圆线垂直于机床后，开启切割机的切割系统开始切割，切割完毕后利用磨光机将相贯线和垂直端面的氧化铁清理干净。如图 14-4 所示。

图 14-4　相贯线切割

④ 检测

利用计算机对所切割的钢管进行三维立体放样计算，分别计算出钢管的四等分圆的数据值并分别进行测量检测，通过四组数据的检测，可以直接判断出相贯线的编程、切割是否正确。

2）煨制圆弧

钢管直径大于 300mm 时，一般的拉弯工艺就无法满足要求了，本工程的圆管为600mm，所以可采用的工艺为液压冷弯和高频热弯两种工艺，结合各种因素，本工程采用液压冷弯工艺，工艺流程如下：

① 管口加固

把桁架的主管的端部按照圆周均分六等份，用直径为 25mm 的圆钢进行加固。

② 钢管定位

将主桁架的钢管吊装到冷弯机上，钢管的中心线和冷弯机的卡头的中心线对齐，检查合格后夹紧，且要在卡头上设置防转装置，保证在煨弯的过程中，钢管不发生旋转。

③ 煨制圆弧

本工程采用的是直径为 600mm、长度为 12m 直缝焊管，此钢管为超大直径，煨制圆弧的回弹数值没有参考，煨制圆弧过程中很容易出现褶皱、钢管椭圆度超差等缺陷，因此需分 3 次成型，第一次设定为圆弧度的一半，到位后泄压，等待回弹完毕后，再进行第二次煨制，第二次设定为圆弧的五分之四，第三次煨制圆弧完毕。当第一根圆管煨制完毕后，测得实际的回弹数值，再进行修正，作为后续的最终数据，直到所有的圆管加工完毕。如图 14-5 所示。

图 14-5　钢管加工图

3. 大跨度拱形主桁架安装方案的确定

本工程钢结构吊装比较复杂，尤其是拱形主桁架的吊装，由于拱形主桁架跨度大、重量大，主桁架不是对称结构，吊点选择困难，吊装方案的优劣直接影响到工程质量、工期和安全。因此选择经济可靠、快速并有可操作性的吊装方案，选择合适的吊装机械、合理分段、确定吊装顺序，就显得尤为重要。

主桁架正下方的看台是混凝土结构，如果采用搭设脚手架高空散拼的安装方案，虽然每吊的重量小，但是需要对看台进行加固，混凝土看台距离地面有 3m 高，加固起来困难比较大，并且主桁架距离地面有 30.8m。如果采用搭设脚手架高度超高，施工安全性会变得非常差，因此针对本工程的结构特点，采用拱形主桁架地面整体拼装、设置临时支撑架、分段吊装的安装方法，从两侧开始对称向中间安装，进行空中对接，主桁架所有的对接处焊接完毕且探伤检测合格后，开始安装次桁架，次桁架从中间向两侧安装、对称吊装。

在充分了解当地吊车的供应能力及各吨位吊车主臂性能、最大起重能力，并且考虑现场地基承载能力、场地可操作性的情况下，选取一台 250t 的履带吊进行主桁架的吊装工作，配备一台 25t 汽车吊辅助吊装。在确定吊车吨位数的前提下，依据本章主桁架的最大重量和跨度，对主桁架进行分段处理，拟定分 5 段进行吊装，以确保每段桁架的吨位均在吊车正常工作能力范围内。根据现有场地情况，进行吊装前，对吊车的行走路径进行合理、经济的规划，确保分段吊装的主桁架在吊车主臂范围内，吊车行走路径选取在看台前侧场地处 30m 范围以内，尽量使吊车利用率达到最佳。此安装工艺可保证拱形主桁架构件的拼装精度，防止安装过程中变形，可以实现流水作业，减少安装误差，缩短安装时间。

4. 大跨度拱形主桁架整体拼装和电脑模拟拼装

主桁架杆件多、体积大，钢管的直径大，焊接变形大，如果采用分段拼装，组装时会出现错口现象，而且看台的前面为曲棍球比赛场地，已经处理完毕，综合以上因素，采用整体拼装的方案。

（1）拼装方法及原理

主桁架拼装共设置 11 个支撑点，拼装胎架使用 H 型钢进行焊接，胎架由底座和支撑部分组成，胎架的高度和立柱的布置形式在 MDT2006 软件里模拟定位，并进行设计。拱形主桁架整体拼装，在分段点不焊接，只做跳焊定位，吊装时在分段点断开，根据分段进行吊装。拼装从一段开始，由 11 个支点分隔的 10 个拼装区间，按照粗调、精调的顺序，粗调比精调快一个区间的方法，拼装腹杆，这样最大限度地减少返工的次数，主桁架拼装场地为曲棍球比赛场，胎架调整好标高和位置后进行固定。胎架平面布置图和制作图如图 14-6、图 14-7 所示。

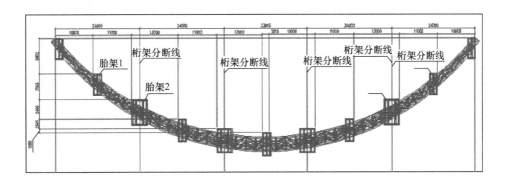

图 14-6　胎架平面布置图

（2）整体拼装的工艺流程

1）拼装分析

通过对主桁架的图纸和节点分析，节点如图 14-8 所示，发现中间的 $\phi600\times20$ 的钢管始终在一个平面内，因此在拼装时，首先要保证中间的 $\phi600\times20$ 的钢管精度，其次再保证 $\phi600\times16$ 的精度。

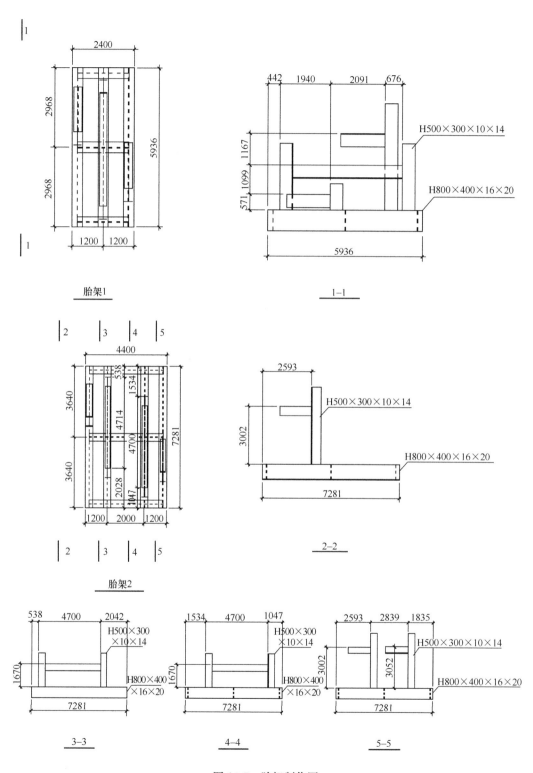

图 14-7　胎架制作图

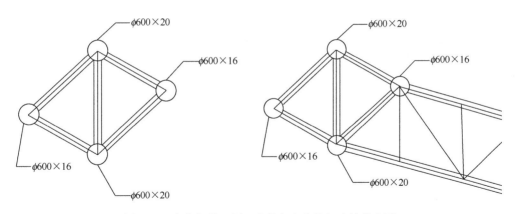

图 14-8　主桁架截面图、次桁架和主桁架连接节点图

2）胎架制作、安装

胎架采用 H 型钢焊接组成，主要由立柱和横梁组成，立柱和横梁的位置和高度在 CAD 软件中确定，因为每一个胎架的具体尺寸都不相同，但是结构相似，简图如图 14-9 所示，制作完毕后，用全站仪对每一个胎架的安装位置进行确定，安装胎架。

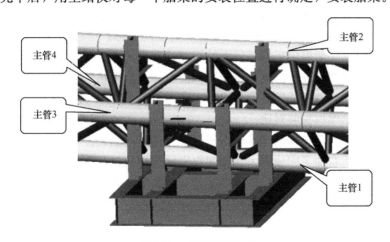

图 14-9　主桁架拼装图

（3）拼装主桁架

把 12m 圆弧主管预先拼成 24m 长的主管，然后把主管 1 放在胎架上粗定位，然后拼装主管 3、主管 4，主管 3、主管 4 要首先精确定位，检查合格后再精确调整开始放的主管 1，三根主管调整完毕后，开始拼装部分腹杆。此部分腹杆用于定位和检测拼装精度，然后焊接由于安装工艺无法焊接的部分横梁，拼装最后一根主管。如图 14-11 所示。这样可以最大限度的接近设计值，保证拼装质量，因为此种拼装方法，误差传递只有 1 级，如果以开始拼装的主管为基准，那么误差的传递为 2 级，精度保证非常困难。

拼装从一端开始依次进行，当把所有的主管都调整完毕后，对两根 $\phi 600 \times 20$ 的主管进行固定，对两根 $\phi 600 \times 16$ 主管临时固定，然后拼装余下的腹杆，拼装腹杆时可以微调临时固定的主管，但是主管的位置误差必须在规范内，如果超出规范，需查找原因，给予纠正，焊接主管和腹杆要落后于精调一个拼装区间。

（4）电脑模拟拼装

电脑模拟拼装的实质就是用全站仪进行复测，再用电脑拟合。即节点制作精度的控制，在采用地面放样挂线锤、拉尺、U 形管等控制手段的基础上，由专门的测量人员使用全站仪进行测量控制。在组装完成后对构件上的重要控制点利用全站仪进行控制测量，采用电脑拟合，分析检查偏差情况，发现问题及时采取纠偏措施，确保定位准确。电脑模拟拼装主次桁架连接模型如图 14-10 所示。

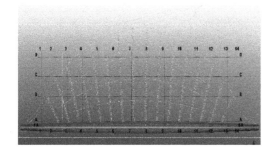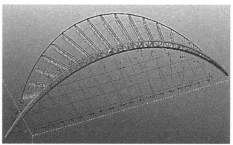

图 14-10　主次桁架连接模型

电脑拟合的原理是采用全站仪，首先在拼装场地建立一个坐标系，测得构件上的重要控制点的实际数据，在 CAD 软件中输入这些点的空间坐标，通过坐标系转换，导入模型中检查分析偏差情况。如果出现偏差较大的情况，首先复核重要控制点的测量数据的准确性，其次对次重要控制点进行测量，重新导入模型并再次复核偏差情况，对多次复核偏差过大的点需要采取纠偏措施，使其偏差控制在允许范围内。

（5）实体与电脑模拟拼装对比

在实体预拼装经验下，采取电脑模拟预拼装，通过电脑放样，把各个区域主管电脑拟合后，用全站仪对所有加工完成的主管控制点坐标进行测量，测量数据与电脑拟合数据的偏差应控制在规范规定范围内，经现场拼装，满足质量要求。

图 14-11　主桁架拼装图

5. 临时支撑架的制作、安装

主桁架在安装的过程中，一端固定，另一端没有着力点，所以需要设置临时支撑架，以保证安装的主桁架稳定。

（1）临时支撑结构形式和位置的确定

在空中对接口处设置临时支架进行主桁架吊装。因为此临时支撑架高度分 12m 和 25m 两种，属于超高型支架，所以综合各种因素，采用格构式结构，此结构重量轻、传力好、稳定性好。临时支架采用钢材材质均为 Q235B。圆管 φ194×10 作支撑主柱，圆管 φ89×4 作支撑腹杆，HN390×300×10×16 型钢作顶部主梁 A，HN350×175×7×11 型钢作顶部主梁 B 及次梁，圆管 φ219×10 作侧弦支撑，支撑架结构如图 14-12 所示。

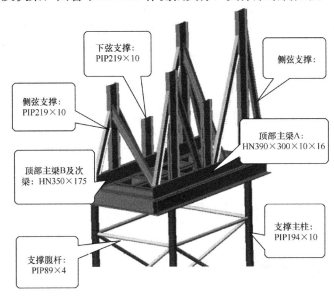

图 14-12　支撑架构件组成图

（2）临时支架结构及计算

由图 14-12～图 14-16 可知，每个支撑架顶部三个支撑点的最大支撑反力标准值分别

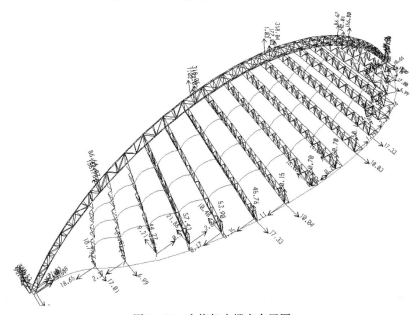

图 14-13　主桁架支撑点布置图

为 $N_1=318.05\text{kN}$，$N_2=172.04\text{kN}$，$N_3=86.67\text{kN}$，主桁架安装需要四个临时支撑架，支撑架两组对称分布，3 轴和 12 轴的支架高度为 12m，6 轴和 9 轴的支架高度为 25m，所以 6 轴和 9 轴的位置支架最高，只要是 6 轴或者 9 轴的支架稳定，所有的临时支架就全部安全，现校核 6 轴支架分析如图 14-17、图 14-18 所示。

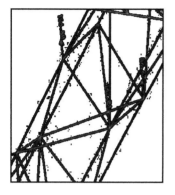

图 14-14　支点 1 支撑反力图

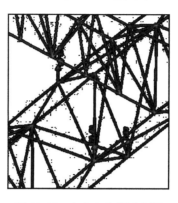

图 14-15　支点 2 支撑反力图

图 14-16　支点 3 支撑反力图

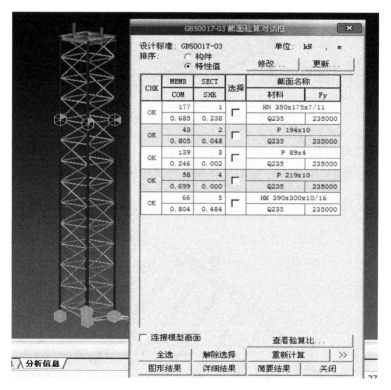

图 14-17　支撑架加载图

（3）临时支架安装

首先测量人员在预埋件上用全站仪标记出中心线，验收合格后，开始安装临时支撑，临时支撑的四个主管的中心线和预埋件中心线对齐，且安装误差符合规范后进行焊接，再拉设缆风绳。因为临时支架要穿过楼板，楼板的标高为 3m，在临时支撑的四个主立柱安装位置处，首先用静力切割四个 250mm 的圆孔，临时支撑 3m 以上部分的腹杆需要在安装之前焊接完毕，3m 以下的腹杆要求安装完临时支撑再焊接，最后用全站仪测支撑主桁架的支点的标高和位置，直到满足设计要求，合格后临时支点焊接固定到临时支撑胎架上。如图 14-18 所示。

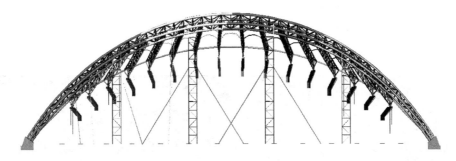

图 14-18　临时支架安装示意图

6. 大跨度拱形主桁架的整体安装技术

（1）安装工艺流程

主次桁架埋件安装→临时支撑胎架安装→主桁架安装→次桁架安装。

（2）吊车安装行走路线

鉴于场地及安装分段桁架数量，曲棍球馆看台正前方的比赛场地中心设置 150m 拱形拼装胎架。250t 履带吊在看台外侧边缘站位，纵向行走。25t 的汽车吊辅助吊装，吊车行走路线如图 14-19 所示。

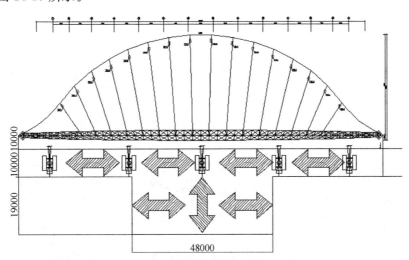

图 14-19　250t 履带吊站位及行走路线图

（3）主桁架和次桁架吊点的确定

在三维数据模型里找到主桁架重心后，在 CAD 里按照钢丝绳与构件的夹角成 45°，找到钢丝绳的绑扎位置和钢丝绳的长度，把位置标记在分段的主桁架上，按照标记的位置缠绕钢丝绳，进行试吊，当构件离地 10cm 后，查看构件的角度是否和设计一致，不一致时，移动钢丝绳位置，直到角度正确为止，把主桁架放在地面，在绑扎位置处焊接临时挡板，挡板要做锐角处理，焊接完毕后，进行主桁架安装。

（4）吊点计算

吊装钢丝绳采用捆绑桁架弦杆的方式吊装。以下吊装段均采用 SAP2000 有限元分析软件进行结构施工阶段分析模拟（选取中间 26m 段分析）。

分析结论：最大挠度为 6mm，属弹性阶段变形，满足设计规范要求。如图 14-20 所示。

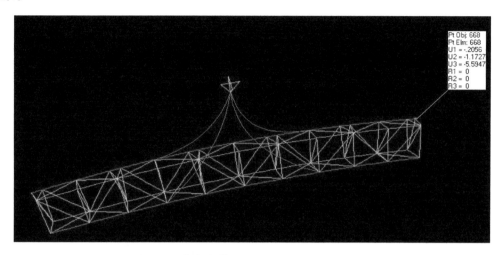

图 14-20　桁架吊装过程中变形图（单位：mm）

分析结论：吊索最大轴力为 160.3kN，根据《建筑钢结构施工手册》公式 9.3 及表 9.5 可反算出吊索最小直径为 48mm，即选用 50mm 直径的吊索进行吊装安装。如图 14-21 所示。

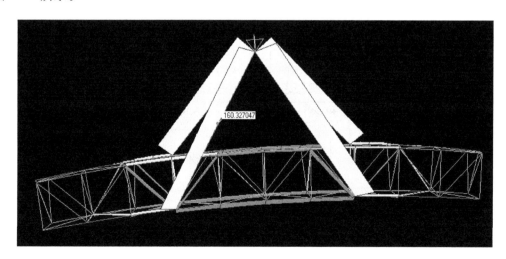

图 14-21　吊装过程吊索轴力图（单位：kN）

分析结论：桁架杆件应力比均远远小于 1.0，满足构件强度要求，结构安全。如图 14-22 所示。

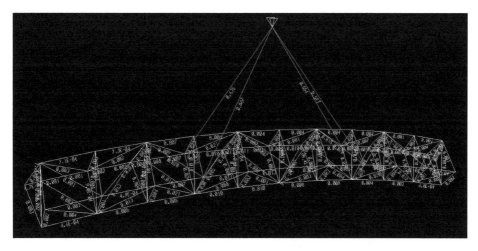

图 14-22 桁架吊装过程应力比图

（5）主桁架吊装验算

根据分段后钢桁架最大起吊量为 46t，其高度为 31m。采用 250t 履带吊臂长 51m，工作幅度不大于 14m。

$$吊装质量＝安全系数×（构件质量＋吊具质量）$$
$$＝1.3×（46＋7）＝68.9＜73.5t（可以起吊）$$

（6）主次桁架吊装全过程演示

1）主桁架安装顺序（图 14-23）

图 14-23 主桁架安装示意图

2）次桁架安装顺序（图 14-24）

（7）主桁架安装

安装 1 轴～3 轴第一段主桁架之前，在主桁架和预埋件焊接的一端的四个主管上分出中心线，在预埋件上的四个主管的下面 1/4 象限点上事先焊接 8 个临时定位板（定位板尺寸为 20mm×100mm×50mm），主管就位后每个主管的两侧靠在临时定位板上，另一端放在临时胎架上（图 14-25），保证完全接触且吊车上没有拉力后，用全站仪观测主管的端部的位置和标高，如果误差超过规范，那么调整支撑胎架上的圆管，直到最后调整合格，把胎架上的支撑完全焊接完毕，再把预埋板上剩下的 8 个临时定位板焊接完毕，最后把胎架上四个支撑和主桁架临时焊接（跳焊），在主桁架上的中间两侧设置两道直径 20mm 的缆风绳，继续按照《焊接作业指导书》进行焊接，直至焊接完毕。

接着安装 4 轴～6 轴的主桁架，在吊装之前，在与上一段主桁架连接的一端，四个主管的四个最上面的象限点上焊接定位板，就位后定位板和对接处的两个接头完全接触，然

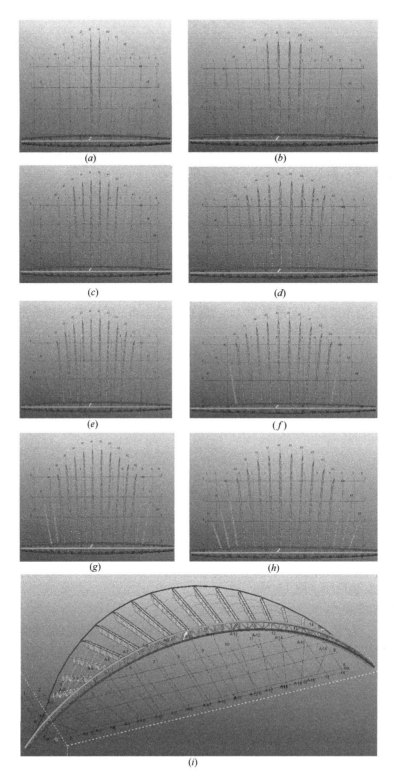

图 14-24　次桁架安装示意图

后调整自由端，用全站仪观测，如果误差超出规范，那么调整胎架上的支撑短柱的高度，当误差达到规范后，再对接头剩下的象限点上焊接定位板，当有误差时用楔子调整。在主桁架上的中间两侧设置两道直径 20mm 的缆风绳，缆风绳与地面采取地锚连接，地锚的做法和临时支架的地锚相同，缆风绳的另一端和主桁架采用捆绑式连接，采用 20t 卡环连接，具体做法和临时支撑架的做法相同，缆风绳拉好后进行临时跳焊定位，以后安装的主桁架按照以上方法进行安装，直到主桁架安装合拢完毕，之后从中间向两端进行焊接，焊接按照《焊接作业指导书》进行焊接，并且要符合《钢结构焊接规范》GB 50661—2011 的规定。

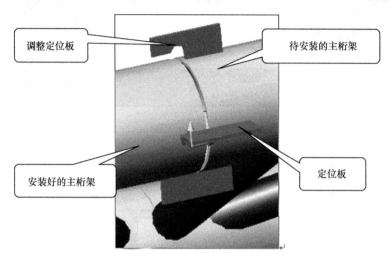

图 14-25　桁架高空对接校正措施图

7. 主桁架卸载

（1）卸载分析

拱形主桁架分五段吊装，桁架分段处设置临时支撑架，每个临时支撑顶部使用四支 50t 千斤顶作支点，如图 14-26 所示。考虑到本工程为空间管桁架结构，且保证相邻桁架间的协同变形，钢结构卸载顺序由中部向两边逐榀同步卸载，其顺序为中段、左右段对称同时卸载。

1）卸载过程计算

第一次卸载时，3 轴、6 轴、9 轴、12 轴支撑点同时卸载，千斤顶向下位移 5mm，3 轴、12 轴支撑点脱离荷载；第二次卸载时，6 轴、9 轴支撑点同时卸载，下降位移 5mm；第三次卸载时，6 轴、9 轴支撑点同时卸载，下降位移 5mm；第四次卸载时，6 轴、9 轴支撑点同时卸载，下降位移为 5mm。四次卸载均完成后所有支撑点脱离荷载，卸载完成。如图 14-27～图 14-33 所示。

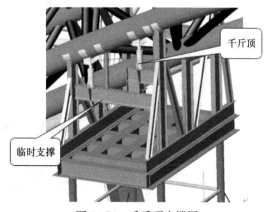

图 14-26　千斤顶支撑图

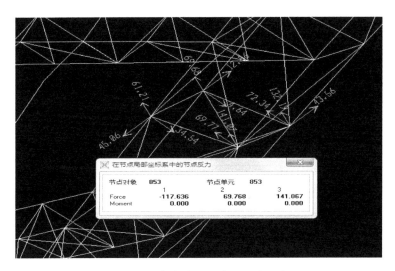

图 14-27　桁架合拢后支座处支反力

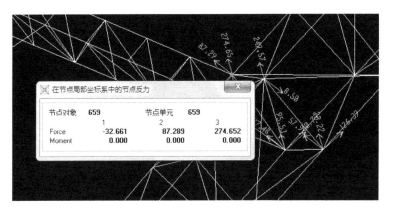

图 14-28　第一次卸载

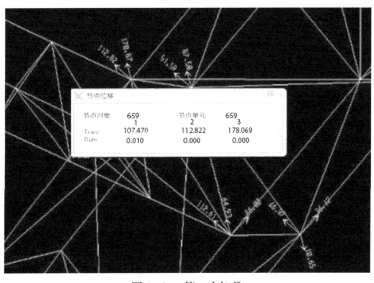

图 14-29　第二次卸载

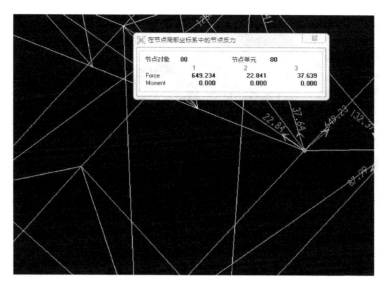

图 14-30　第三次卸载

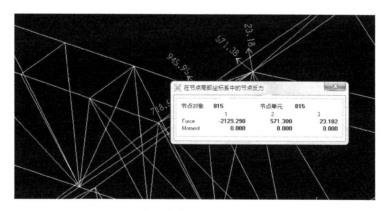

图 14-31　第四次卸载

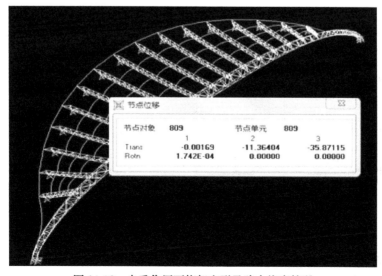

图 14-32　自重作用下桁架变形及跨中挠度情况

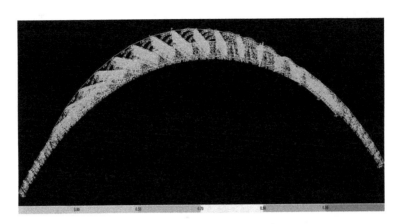

图 14-33　自重情况下应力比

结论：卸载完成，结构安全。

2）卸载前支点位置（图 14-34）

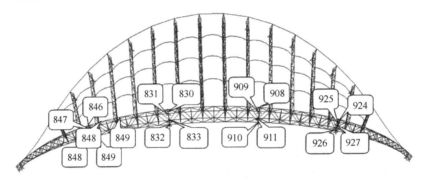

上弦支座编号：846、830、908、924　　下弦支座编号：849、833、911、927
　　　　　　　847、831、909、925　　　　　　　　　848、832、910、926

图 14-34　卸载前支点位置

3）卸载前支座反力（表 14-2）

支座反力表

表 14-2

支座编号	状态	支座反力	支座编号	状态	支座反力
830	DEAD	105.995	908	DEAD	106.016
831	DEAD	46.601	909	DEAD	46.587
832	DEAD	76.94	910	DEAD	76.925
833	DEAD	187.517	911	DEAD	187.511
846	DEAD	61.716	924	DEAD	61.72
847	DEAD	55.615	925	DEAD	55.609
848	DEAD	54.108	926	DEAD	54.102
849	DEAD	78.225	927	DEAD	78.219

4）卸载后挠度值（表 14-3）

支座挠度值表　　　　　　　　　　　　　　　　　表 14-3

支座编号	状态	支座反力	支座编号	状态	支座反力
846	DEAD	4.0	830	DEAD	22.9
847	DEAD	4.2	832	DEAD	23.4
849	DEAD	4.2	908	DEAD	22.9
848	DEAD	4.2	910	DEAD	23.4
924	DEAD	4.0	831	DEAD	23.2
925	DEAD	4.2	833	DEAD	23.2
927	DEAD	4.2	909	DEAD	23.2
926	DEAD	4.2	911	DEAD	23.2

（2）卸载工艺

1）交底及模拟训练

卸载之前对所有参加卸载的管理和操作人员进行技术、质量、安全交底，掌握卸载流程、工艺、千斤顶的使用等与卸载相关的知识，保证卸载的精度和施工人员的安全。

为保证卸载时施工人员操作的熟练程度和卸载质量，同时保证千斤顶下降的同步性，必须对所有参加卸载的施工人员提前进行模拟训练。即由现场总指挥统一指挥，规定下降速度、下降级别，所有施工人员按照口令在各自的区域进行千斤顶的模拟下降。做到所有指挥人员、所有操作人员心中有数。

2）在预卸载行程完毕后，由指挥员指挥进行正式卸载，操作人员接到总指挥的口令以后，统一摇下千斤顶 5mm（具体按卸载数据分析）。卸载做到同步性，且在一个行程完毕后，各个工位组操作人员应该通知指挥员。

3）检查各项情况并记录

在每一个卸载行程完毕后，各个工位操作人员应对各部位重新检查无误后，记录卸载过程控制资料，等候进行下一行程卸载。

① 千斤顶操作组观察千斤顶上的刻度，并做好记录。记录是否满足规定下降的数值，有无多降或少降的情况发生。观察千斤顶的受力情况，有无卡死未降或降值过大的千斤顶，如有，应及时更换调整。

② 脚手架检查组检查承重架支撑情况时应做好记录，有无弯曲变形情况，如有变形的承重部位必须及时做补强处理。

③ 结构检查组检查卸载部位钢构件的焊缝是否存在因卸载产生裂纹现象，检查结构变形是否有超标，如有，将立即调整该卸载部位的千斤顶的行程或更换该部位的千斤顶，并修补撕裂的焊缝，整个过程做好记录。

④ 如各检查组均没有发现异常现象，将继续进行下一个行程的卸载工作，以此循环来完成整个卸载过程。

⑤ 当卸载到设计规定值时，观测千斤顶是否退出工作，如果卸载过程中，出现个别卸载点挠度增加，千斤顶行程不够的情况，应通知指挥人员暂停卸载，再次计算位移值，对继续卸载是否安全进行核对，确认无误后，更换千斤顶，继续卸载。

⑥ 卸载完成时，记录各个千斤顶退出工作时的卸载行程数。

8. 施工总结

曲棍球看台从开始图纸深化到安装全部完成，共计 60d，安装时间为 12d，施工中解决了超高支撑架安装的稳定、误差控制、大直径钢管的煨弯、高空安装的精确定位等难题，为整个工程的按期完工赢得了时间，安装完成后的结构外形美观，成为城市靓丽的风景线。如图 14-35 所示。

图 14-35　成型效果

第十五章　特定复杂工况下的钢结构
分步拼装多次顶升技术

游泳馆是现代化生活中体育教学、强身健体的重要场馆，游泳运动逐渐成为每个人生活中的一部分。随着体育事业的快步前进，对游泳馆的要求越来越高，而大型钢结构的实施解决了室内游泳馆大空间的实用要求。

本章将以室内专业游泳馆钢结构的实施，详细阐述钢结构在特定复杂工况下分布拼装顶升技术。

游泳馆钢结构高度为 16m，钢结构为双层平板焊接球网架，网格形式：正放四角锥；采用多点周边支承；网架高为 3m 和 2.3m 两种，两个网架单体尺寸分别为：50.475m×65m 和 23m×50.625m。网架下方为泳池、池岸和看台，泳池与池岸高差为 2.2m，池岸与看台高差为 4.2m，看台上还有错落台阶，使得钢网架底部工作面高低错落，无法在同一平面进行拼装，安装环境复杂。网架顶升安装工程中，容易造成钢网架顶升后发生位移，网架的杆件与支座进行焊接时形成误差较大。为防止多次顶升不断扩大钢网架面积带来的尺寸累计偏差是一项重大的技术难题。

1. 技术特点

（1）合理利用工作面，在不同部位不同标高处分三步安装并顶升网架，减少高空作业；

（2）采用在千斤顶液压缸侧壁安装防爆阀，确保网架在拼装、顶升过程中位移受控，符合要求；

（3）采用液压集成控制系统，做到顶升时间、速度、高度同步，有效地减少了尺寸偏差；

（4）对每个焊接球与杆件连接部位在点焊后用打磨机进行打磨，并对点焊后网架整体外形尺寸与打磨满焊焊接后的网架整体外形尺寸进行比较，满焊后钢网架外形质量能够达到保证；

（5）减少高空作业，减少大型设备投入。

2. 工艺原理

根据设计图纸和现场实际情况，制定网架在不同标高处扩大截面和多次吊装的施工方法，钢网架加工制作、顶升采用水池底、池岸、看台三步进行，在每次加工制作完成后均进行尺寸偏差检验与校正，减少误差累计。同时采用防爆阀解决钢网架不能及时与支座位置相连接，造成液压长时间滞空引起的降压问题。利用电脑集成控制顶升，通过全过程的施工监控测量，保证不同标高点的钢网架顶升过程时间相同、顶升速度相同、顶升高度相同，克服网架顶升变形问题。

3. 施工工艺流程及操作要点

（1）施工工艺流程

准备工作→清点杆件（球）→设置支撑点→在池底组对、焊接网架→调整轴线、安装顶升架→顶升网架→尺寸校核、外延拼焊→补杆、调整轴线、卸载。

（2）操作要点

1）准备工作

① 对施工现场流水段进行划分，并绘制顶升点布置图，对现场顶升点进行定位。

② 顶升位置应对钢网架顶升过程施工荷载进行验算，同时需对施工现场顶升点位置进行清理，保证场地内无杂物。

③ 施工现场临电布置，根据电焊机、顶升设备的要求，施工现场 8 台电焊机 60kW、顶升设备 12kW，现场设置变压器 400kW 均需满足要求，并对现场临电进行布置。

2）清点杆件（球）

① 焊接球体共分为 5 种，不同杆件共有 12 种。

② 对进场杆件及球要进行原材料质量验收，各种节点的出厂合格证及检验记录。焊接球要有匹配的钢管焊接试件，轴心拉、压承载力试验报告。对于已完成涂装、编号、标识且经检验合格的球体和构件进行进场签收，分类堆放，确保球体及杆件不损坏、不变形。

3）设置支撑点

① 支撑点数量确定

网架一的单体（较大部分）面积约为 3280m²，总用钢量为 92.114t，单位面积用钢量为 28kg/m²，选用 8 个顶升点，平均每点重量约为 1.1515t。

② 设置 8 个顶升点，顶升反力点如图 15-1 所示。

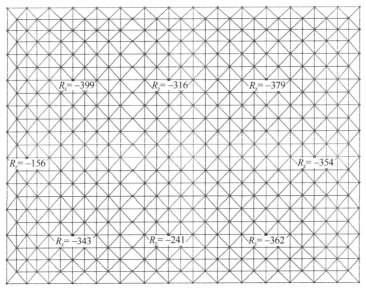

图 15-1　顶升反力图

③ 顶升基础选择

在混凝土基础一侧选在池底有柱梁位置、在回填土一侧要求回填且夯实，受力不小于 $20t/m^2$，上下两点采用钢管加强层面（格构柱），顶升架支撑在有格构柱的层面上。

4）在池底组对、焊接网架

① 采用砖垛砌筑焊接平台，每个下弦球设置一个砖垛，按照焊接球尺寸不同将设计不同高度，最低高度不得低于 300mm。

② 焊接

A. 焊接特点

网架结构的连接是环行固定的焊接，在焊接过程中需经过仰焊、立焊、平焊等几种位置。因此焊条变化角度很大，操作比较困难。熔化金属在仰焊位置时，有竖向坠落的趋势，易产生焊瘤。而在立焊位置及过渡到平焊位置时，则有向钢管内部滴落的倾向，因而有熔深不均及外观不整齐的现象。焊接根部时，仰焊及平焊部位的两个焊缝接头比较难以操作，通常仰焊接头处容易产生内凹，这是仰焊特有的一种缺陷，平焊接头处的根部易发生未焊透和焊瘤。

从中间部位往长方向进行下弦点焊，下弦全部点焊后，再进行满焊。当池底部分拼焊完成 1/3 时，要再次调整网架的轴线位置，调整拼焊过程中产生的水平位移。在预定顶升位置（或轴线上）相邻节点处设临时顶升点（上弦），把网架顶出池底，继续外侧网架的拼焊。

B. 根据以上特点制定焊接方法

定位焊：根据钢管直径大小，定位焊一般为 2～4 处，定位焊前应检查管端是否与球面完全吻合，坡口两侧是否有油污杂质，应清理干净后方可点焊，定位焊缝必须焊透，长度一般为 30mm 左右，根据管径大小而定，定位焊缝不宜过厚。

正式施焊：环形固定的焊缝是以管的垂直中心将环形焊口分成对称的两个半圆形焊口，按照仰、立、平的焊接顺序进行焊接，在仰焊及平焊处形成两个接头，此方法能保证铁水与熔渣很好地分离，熔深也比较容易控制。为了防止仰焊与平焊部位出现焊接缺陷，焊接前一半时，仰焊位置起点及平焊位置的焊点必须超过管的半周，超越中心线 5～15mm，当焊条至定位焊焊缝接头处时，应减慢焊条前移速度，使接头部分能充分熔透，当运条至平焊部位时（即超过中心线），必须填满弧坑后才能熄弧。在焊后一半时，运条方法基本与前一半相同，但运条至仰焊及平焊接头处时必须多加注意，仰焊接头处由于起焊时容易产生气孔、未焊透等缺陷，故接头时应把起焊处的原焊缝用电弧割去一部分（约10mm 长），这样既割除了可能有缺陷的焊缝，而且形成的缓坡形割槽也便于接头。从割槽的后端开始焊接，运条至接头中心时，不允许立即灭弧，必须将焊条向上顶一下，以打穿未熔化的根部，使接头完全熔合。平焊接头处焊接时，选用适中的电流强度，当运条至稍斜立焊位置时，焊条前倾，保持顶弧焊并稍作横向摆动，在距离接头处 3～5mm 将封闭时，绝不可立即灭弧，需把焊条向里稍为压一下，此时可以听到电弧打穿根部而产生响声，并且在接头处来回摆动，以延长停留时间，从而保证充分的熔合。熄弧之前，必须填满弧坑，随后将电弧引至坡口一侧熄弧。第二遍、第三遍的运条方法基本相同，主要是在接头处搭焊相垒 10～15mm，使接头处平缓过渡保证焊缝尺寸。

5）调整轴线、安装顶升架

当网架形成一个稳定结构时，利用电动卷扬机或其他起重机械配合经纬仪进行网架轴线调整，使球节点与其相应投影位置基本吻合。

每完成一步顶升后要进行顶升架标准节安装，8个点同时进行安装，减少液压系统滞留时间。

安装顶升架标准节先进行四面塔架网片安装，安装后再进行顶升架钢梁安装。

6）顶升网架

由于液压长时间滞空会进行降压，顶升施工时，在液压缸位置加设防爆阀。采用电脑集成系统控制顶升时间、速度、高度的同步性。

电脑模拟顶升点如图15-2～图15-4所示。

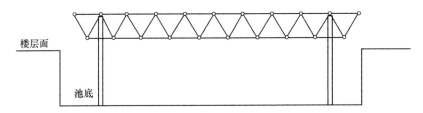

图 15-2　施工段一顶升点示意图

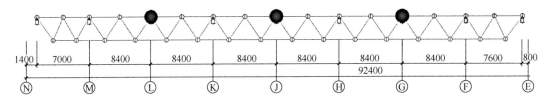

图 15-3　施工段一顶升点立面图

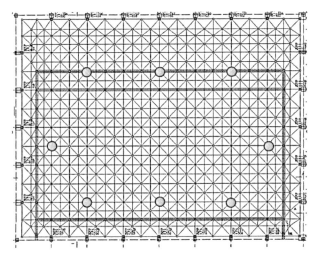

图 15-4　施工段一顶升点平面图

右侧顶升点置换到下弦节点上，首先在下弦点位置增设顶升点，手动操作，使其受到的顶升力略小于相邻上弦顶升力，这样使相邻上弦顶升点松动或受力很小，方可拆除相邻的上弦顶升点（液压油缸有备用），置换时依次进行。如图 15-5 所示。

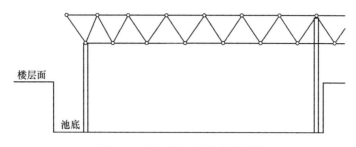

图 15-5　施工段二顶升点设置图

继续顶升：右侧网架离基础层达 2m 时，把上、下及右侧顶升点置换到下弦。如图 15-6 所示。

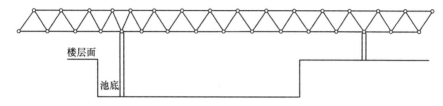

图 15-6　施工段三顶升点设置图

当网架下弦顶出池面时，纵横方向要用倒链连接，加上斜拉钢丝绳（相当于脚手架的剪刀撑），顶升时倒链适时松放，顶升阶段性完成，及时拉紧倒链（每次加节时均需）。

增加斜拉钢丝绳，是为了保证网架滞留时段的安全，防止网架受侧向力的影响（主要是风载），发生水平位移而产生危险。

顶升工作，步骤如图 15-7 所示。

7）尺寸校核、外延拼焊

采用水准仪对网架尺寸进行校核，对网架杆件水平方向、对角方向进行测量，继续顶升至固定看台位置时与看台位置已经组焊好的网架进行拼焊。

8）补杆、调整轴线、卸载

网架顶升至牛腿位置时，要适时放慢顶升速度，在下弦节点超过标高 200mm 时，进行支座位置的补杆。

在补杆前，要在主体结构的梁、柱或预埋件上设置可靠连接，固定安全绳。补杆工人的安全带要连接在安全绳上。

调整网架的轴线，使其尽可能地接近理论轴线。

调整前要进行预卸载，使支座下平面接近预埋件，保持 20～30mm 的距离。轴线水平位置的调整，只允许用 2t 及以下的倒链，且只能慢拉，防止拉过位置。当进行单项轴线调整时，与其相关的斜拉钢丝绳的倒链，也要适时的紧、放，并注意观察，统一指挥。

4. 质量保证措施

（1）按照网架下弦节点位置，在施工现场内进行测量，准确放线，在会交点设置支撑，按照网架起拱高度用砖、水泥砂浆砌有一定的高度（$h \geqslant 500$mm）的砖墩作为网架拼

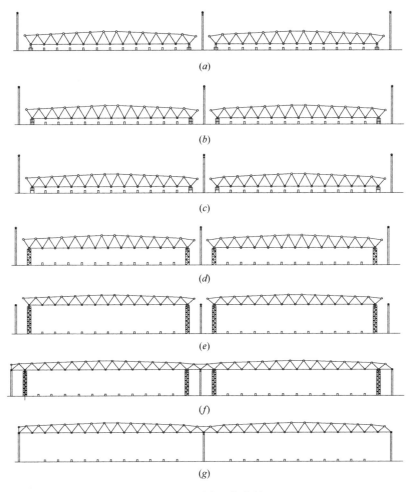

图 15-7　顶升工作步骤

(a) 第一步：启动泵站使千斤顶活塞同步上升一个行程；(b) 第二步：安装顶升架标准节；

(c) 第三步：泵站回油使千斤顶缸体上升；(d) 第四步：重复一至三步工作，使网架不断

上升；(e) 第五步：继续重复一至三步工作，使网架逐步上升至设计标高；

(f) 第六步：封边；(g) 第七步：拆除顶升设备，转向下一施工段

装支撑，支撑间距偏差不得超过±5cm，保证网架重量由支撑中部承受。

（2）按施工图，核对球、杆件规格和杆件尺寸，制作第一单元下弦网格，并对第一单元下弦轴线尺寸和对角线尺寸进行测量。

（3）将第一个预制好的下弦单元放在支撑上，并使球中心位置和支撑中心位置吻合。从柱子中心再次确定中心点位置，挪动网格进行调整，以防止网架拼装完后的整体偏移和扭转。

（4）将上弦球杆和腹杆散装，保证单个网格的稳定。在拼装点焊连接时，保证结合处严密，点焊工作由取得资格的焊工担任。

（5）以第一单元网格为基准顺序拼装，拼装顺序为下弦、腹杆、上弦。从中间向两边扩散拼装，将误差积累释放到两边。

（6）在拼装过程中经常检查轴线偏移及纵横长度偏差。随时调整下弦节点标高、轴线

和对角线尺寸偏差。用水准仪、钢皮尺和拉线测量。用水准仪测节点高度并调整（预先备楔形垫块），使相邻误差小于±3mm。

（7）在拼装过程中经常检查轴线偏移及纵横长度偏差，偏差控制在总长的1/2000且不大于3mm，中心偏移允许值为跨度的1/3000且不大于30mm。网格对角尺寸误差为±3mm，网格轴线、锥体允许偏差为±2mm。

（8）焊接质量检验

质量检验员应对所有焊缝进行100％的外观检查，并做好记录。严禁有漏焊、裂纹、咬肉等缺陷。对下弦节点焊缝进行超声波探伤跟踪检测，对内部有超标缺陷的焊缝必须进行返修。同一条焊缝只允许有两次返修，返修后的焊缝必须进行复测，无误后方可视为合格，作好探伤检测记录，提供探伤报告。

（9）焊接质量要求

1）当CO_2气体保护焊环境风力大于2m/s及手工焊环境风力大于8m/s时，严禁进行CO_2气体保护焊和手工电弧焊，如需施工必须搭设防风棚及防风措施。

2）焊接作业区的相对湿度大于90％时不得进行施焊作业。施焊过程中，若遇到短时大风雨时，施焊人员应立即采用3～4层石棉布将焊缝紧裹，绑扎牢固后方能离开工作岗位，并在重新开焊之前将焊缝100mm周围处进行预热措施，然后方可进行焊接。

3）焊工在施焊前应清理焊接部位的油污杂质，检查定位焊缝有无缺陷，如有缺陷应先清理后方可施焊。

4）第一遍打底焊完后，要认真清渣，检查有无焊接缺陷，确认无误后方可开始第二遍的焊接。

5）焊条在施焊前应进行烘焙，烘焙温度在100～150℃之间，烘焙时间一般为2h，下班时剩余焊条必须收回，进行恒温烘焙。

6）打底焊接，必须焊透，不允许有夹渣、气孔、裂纹等缺陷，经认真清理检查合格后，进行第二遍焊接，最后一遍为成型焊接。成型后的焊缝要求表面平整，宽度、焊波均匀，无夹渣、气孔、焊瘤、咬肉等缺陷，并符合二级焊缝的规定。

（10）网架防腐

1）重点部位：边角毛刺、转角、返锈、焊缝，对预处理达不到要求的地方，用电动砂轮打磨至St3级，有油污的地方一定要处理干净。

2）焊缝处理：清除焊渣，对焊缝不平整处进行打磨，避免出现深度超过2mm的细长凹坑及难涂的死角、锐利毛刺。

3）涂装在0～50℃进行，钢板温度高于露点温度3℃以上，空气中不得灰尘飞扬，避免沉积漆雾反复飞扬。

4）喷涂设备与喷枪，在使用前都必须清洗干净，搅拌机、搅拌杆必须清洗干净，不得混用。油漆打开时先检查颜色状态是否正常，然后彻底搅拌均匀。

5）涂装锌盾时，刷涂和无气喷涂添加0～5％（重量比）的锌盾专用稀释剂；有气喷涂添加5％～10％稀释剂，准确称量，用电动搅拌彻底勾底搅拌1min以上，直至均匀，喷涂过程中每30min搅拌一次，避免沉底。

6）预涂：用刷子对焊缝、切边等难涂部位刷涂一遍锌盾，保证锌盾渗透进细孔、凹槽等部位。

7）刷涂：采用十字交叉法均匀刷涂，保证涂料良好渗透。

8）涂装要求：不流挂、均匀、无漏喷、表面无针眼、缩孔等弊病。

5. 技术成果

在特定复杂工况下的钢结构分步拼装多次顶升技术在游泳馆钢网架分步顶升安装过程中顺利实施，避免了设备的浪费，消除了施工人员的危险隐患，施工产生的振动、噪声等公害也得到了最大限度地降低。工程建设时，周围的居民及企事业单位能正常生活及工作。为其他工程在类似情况下的建设提供了可靠的决策依据和技术指标，新颖的施工技术将促进工程施工技术进步，社会效益和环境效益显著。

本施工技术与同类钢结构工程的技术相比，工程的施工环境复杂，工程进度快、干扰因素少、有利于文明施工、各种资源能较好地利用，能确保周围既有设施完好无损，确保生产质量的提高，产生了较好的经济效益。现场完成情况如图 15-8 所示。

图 15-8　现场完成图

第十六章 超 600t 钢网架整体高空侧向变角度顶升施工技术

随着中国体育事业飞速发展，国内体育场馆建筑也进入全面发展阶段，代表性的国家体育场（鸟巢）、国家游泳中心（水立方）等各种钢网架场馆拔地而起。本公司在天津体育学院新校区承接的田径馆，结构复杂、屋面呈倾斜面设计，钢网架在施工过程中综合选用不同于常规顶升网架的施工技术，本章将对此类变角度顶升技术进行研究和分析。

天津体育学院新校区田径馆位于天津市静海区团泊新城西区，是新校区综合性体育大学室内田径训练场馆，圆满承接了 2017 年全国全运会比赛，建筑面积 12510.5m²，高度 24.55m，主体结构为框架结构。建筑屋面设计为倾斜钢结构钢网架屋盖。

1. 网架简介

倾斜钢网架位于田径馆主体混凝土结构上，最大跨度达 150m，总重量约为 610t，且钢网架最高高度 22.3m，最低点 12.8m，高差 9.5m，与水平位置呈 7°倾斜角。网架焊接球 1363 个，杆件约 8000 个，支座 52 个。由于田径馆钢网架结构复杂，面临 52 个支座柱顶标高不一致以及二层悬挑出平台等诸多问题。如图 16-1 所示。因此顶升过程需要控制网架单一顶升行程的精准度，解决支座标高差异难题。

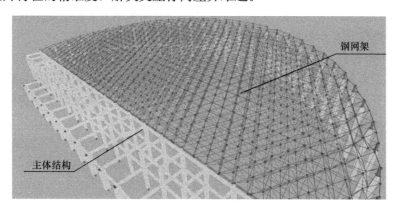

图 16-1 网架三维模拟图

2. 工况简介

对本工程钢网架施工条件进行分析得出以下特点：

（1）现场原状土多为农田土，有机腐质物较多，土体承载力较低。顶升塔架的基础位置地基处理将影响本次施工安全稳定性。因此要对网架基础进行受力分析，保证顶升点的正常运行。

（2）田径馆主体结构复杂，钢网架支座落点混凝土柱的顶标高不同，在顶升至标高

6.400m 处主体悬挑出 2m 平台，因此在钢结构地面散拼时，应预留 2m 宽网架位置，整体顶升到平台以上后进行补充拼装焊接，因此钢网架安装需要进行多次顶升。

（3）由于钢网架侧向顶升的整体变角度过程，网架变角度会在重力作用下产生侧向位移，因此需要调整不同顶升点顶升速度，并采用拉结、支撑等方式充分做好控制措施，保证网架倾斜整体稳定。

（4）顶升塔架高度达 18.3m，网架杆件繁多重达 610t，加强整体网架控制定位工作，有助于高空安装一次就位成功。

3. 技术思路

（1）前期策划

本施工技术的研究结合国内外以往的施工经验，采取理论研究结合试验验证的方式进行。首先，从常规钢结构整体顶升施工过程的研究，搜集国内外类似工程经验，在原有施工技术上进行总结创新，分析施工特点；其次，对技术难点分别进行理论研究，寻找解决的方案；最后，对解决方案进行试验验证，确保方案的可行性和正确性。

（2）关键点

针对控制高空变角度侧向位移施工技术难题，通过对网架受力分析得出塔架的顶升位置进行研究，通过 PKPM 软件和建模处理对网架的受力分析，得出网架受力情况，进而得到塔架顶升位置。

（3）技术实施

1）地面散拼，同步顶升，二次补杆

首先网架在地面进行拼装，以最低点上弦球为原点，放平网架，网架上下弦会出现一定的位移量，然后采用液压油缸在顶升点位进行同速同步顶升，至二层平台处，补充杆件至完整网架，继续顶升至最低支座处。

2）支座落位补杆，异步顶升，转角完成

然后保证最低位网架球在支座处可侧向旋转，做好控制侧向位移措施，在电脑数控监测下，开始改变不同位置顶升点速度从而开始异步顶升，待升至最高支座位置后，调整网架坡度完毕后进行网架与支座的全面焊接。如图 16-2 所示。

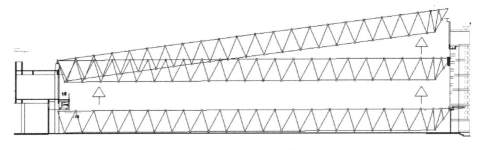

图 16-2　网架顶升过程演示

施工控制中重点加强了顶升设备基础位置的地面承载力，施工时应加强控制地面焊接和钢结构二次顶升前补充杆件焊接质量，同时严格控制变角度过程中角度精准度，全过程控制顶升点的数控感应，保障顶升安全、准确。

4. 集成变角度顶升技术

（1）顶升点设置的应用研究

顶升点设置既需要考虑顶升的施工安全稳定，又要考虑成本合理经济。由于田径馆钢网架总重达 610t，变角度过程需要多个点位速度差产生位移差以调整网架角度。因此要对网架进行受力分析，保证顶升点的正常运行。研究出一个解决塔架定位的简便计算方法。

顶升过程设立 24 个顶升点，如图 16-3 所示，合计顶升能力 1500t，本次顶升网架总重约为 600t，平均受压 25t；油缸设计最大顶升力 65t（溢流阀超 65t 时有可能损坏），设计工作顶升力 50t；工作时顶升点受压超过 50t 时，油缸不工作；静止时油缸受压小于 65t 时，油缸就不会卸载。

根据网架自重状态下的支座反力计算，网架侧向力合计 229kN，网架抗倾滑用的钢丝绳为 φ16，其破断应力最小值 119kN；增加 6 道斜拉索，配合手拉葫芦（10t）控制网架的侧向位移。低端支座左侧挡块起安全保险作用，顶升过程中基本不受力或受力较小。

顶升过程中，网架静止状态下，任何一顶升点卸载，都不会影响网架安全。24 个顶升点合计受力 5238kN，均受力 218kN，相邻两点受力最大为 D6、D7，合计受压 667kN；相邻三点受力最大为 D5、D6、D7，合计受压

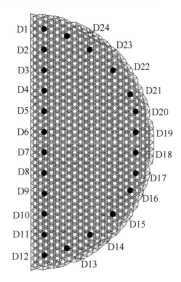

图 16-3　顶升点位分布图

973kN。左侧 D1～D12 水平位移较小，且垂直度调整受力支撑是可临时增大荷载的固定支座。弧形 D13～D24 中，相邻两点受力最大为 D14、D15 和 D22、D23；相邻三点受力最大为 D14（278.1kN）、D15（372.8kN）、D16（237.5kN）和 D21（234.3kN）、D22（370.2kN）、D23（279.6kN）。调整顶升点 D15 或 D22 垂直度时，其相邻油缸受压均小于溢流阀自锁压力（50kN），能够保证结构安全。

（2）顶升塔架基础承载加强技术

为了保证塔架的垂直度及顶升使用功能，塔架的基础承载力要满足要求。由于现场土质多为农田土，有机腐质物较多、土体承载力较低，因此本技术采用增大基础承载力的施工方法。

基础以支点为中心，挖长 3m、宽 3m、深 0.5m 的基坑，里面全部浇筑 C20 混凝土，顶升时支点在基础的中心位置，根据勘察报告计算现场地基的承载力：

当荷载偏心距 $e \leqslant 0.033b$ 时，可用下列公式：

$$f_v = M_b \cdot \gamma \cdot b + M_d \cdot \gamma_0 \cdot d + M_c \cdot C_k \qquad (16\text{-}1)$$

式中　　　　f_v——由土的抗剪强度指标确定的地基承载力设计值；

M_b、M_d、M_c——承载力系数（按表 16-1 可查取）；

　　　　b——基础底面宽度（大于 6m 时按 6m 考虑，对于砂土，小于 3m 时按 3m 考虑）；

　　　　γ_0——基础底面以上土的加权系数平均值（地下水位以下取有效重度）；

γ——基础底面以下土的重度（地下水位以下取有效重度）；

C_k——基底下 1 倍基宽深度内土的黏聚力标准值。

承载力系数对照表　　　　　　　　　　　　表 16-1

k	M_b	M_d	M_c
0	0	1.00	3.14
2	0.03	1.12	3.32
4	0.06	1.25	3.51
6	0.10	1.39	3.71
8	0.14	1.55	3.93
10	0.18	1.73	4.17
12	0.23	1.94	4.42
14	0.29	2.17	4.69
16	0.36	2.43	5.00
18	0.43	2.72	5.31
20	0.51	3.06	5.66
22	0.61	3.44	6.04
24	0.80	3.87	6.45
26	1.10	4.37	6.90
28	1.40	4.93	7.40
30	1.90	5.59	7.95
32	2.60	6.35	8.55
34	3.40	7.21	9.22
36	4.20	8.25	9.97
38	5.00	9.44	10.80
40	5.80	10.84	11.73

根据土质检测报告：基底下一倍基宽深度内土的内摩擦角标准值为 14.7°，根据内插值计算：

$M_b \cdot M_d \cdot M_c$ 分别为 0.3145、2.261、4.7985，而 $C_k = 25.8$，$b = 3$，$d = 0.5$。因为地下水位在 $-2.1m$ 左右，则土的重度 $\gamma = \gamma_0 = 25.2$。

$$f_v = M_b \cdot \gamma \cdot b + M_d \cdot \gamma_0 \cdot d + M_c \cdot C_k$$
$$= 0.3145 \times 25.2 \times 3 + 2.261 \times 25.2 \times 0.5 + 4.7985 \times 25.8$$
$$= 176.0661 \text{kPa}$$

支点受力最大位置的重量为 370kN，顶升架自重为 75kN，总重为 445kN，顶升重量为 $445 \times 1.1 \times 1.1 = 538.45$kN，压强为 $538.45 \div 9 = 59.83$kPa，因此基础能达到顶升架对地基承载力的要求。

塔架基础处理完成后，进行网架地面焊接拼装，用汽车吊在现场进行网架三角锥的小拼，拼装完成后，按照施工顺序码放整齐，使用塔吊进行网架的总拼。拼装时，首先拼装最中间部位网架，然后依次向四周拼装，最终完成提升部位的拼装。

（3）三角锥体系网架多次拼装技术

　　网架拼装前，首先对施工现场测量定位，定位放线工作主要是根据平面坐标图进行测量，以便控制螺栓球网架安装的整体精度。必须采用水准仪对胎架进行抄平，在满足设计及规范要求后方可开始拼装。

　　拼装顺序由中心向外侧逐格延伸地面拼装，分阶段依次拼装到位，同一点位拼装过程遵循先下弦、后腹杆及上弦的原则。

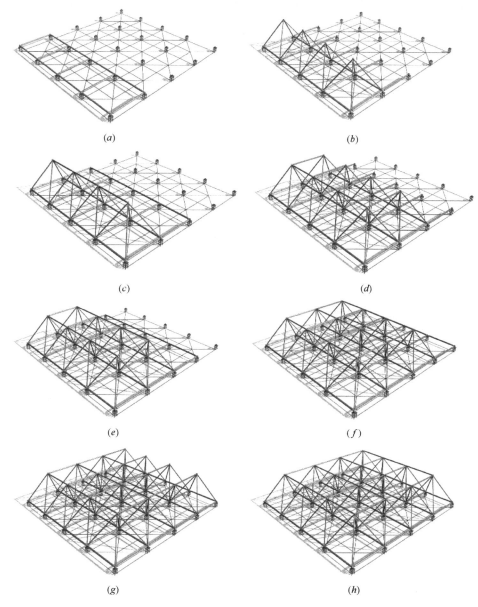

图 16-4　网架地面拼装施工流程

（a）流程一；（b）流程二；（c）流程三；（d）流程四；（e）流程五；（f）流程六；（g）流程七；（h）流程八

　　在现场中部空地平面上拼装网架，网架从中间向两侧逐网格延伸，先下弦、后上弦。最初四排下弦焊接球必须在其投影线上。

　　特点：安装速度快，质量容易保证，施工安全性高。

安装时，先在地面 4 个临时支撑点之间按图纸从网架的一端开始向另一端顺序拼装。首先将 4 个临时支撑点用网架的杆件和球连接起来，检查临时支撑点落点与设计轴线的误差，符合要求后进行下弦杆、腹杆和上弦杆的连接，并支撑在地面上，当 4 个临时支撑点之间网架安装完成后，4 个临时支撑点之间的网架已具备一定刚度，同时检查网架球节点的坐标，无误后即可向四面放射的方向拼装安装，同样隔两个网格设一临时支撑点，检查临时支撑点与设计轴线的误差，符合要求后进行余下下弦杆、腹杆和上弦杆的连接，边安装边检查，逐步安装网架完毕后，然后网架顶升从中间向两侧逐网格延伸，先下弦、后上弦。

（4）网架分步顶升施工技术

田径馆主体混凝土结构复杂，主体结构二层悬挑出 2m 的平台造成无法一次完成安装焊接，本施工技术采用分步顶升方案。

1）同步顶升（图 16-5）

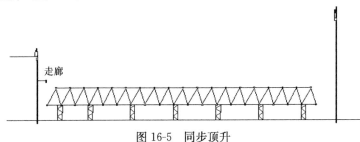

图 16-5　同步顶升

顶升第一个阶段整体网架各个点位匀速上升。初期网架初次顶升高 200mm，静载 30min，检查网架中各个杆件及焊口情况，如发现杆件弯曲或焊口开裂及时停止进行处理；进行测量观察，对于网架下挠、位移、标高偏差及时记录，发现偏差过大及时调整，确保网架杆件受力均匀，焊缝满足要求。由于网架 24 个顶点均匀分布，因此各点顶升力相差较少，顶升时受力状态最佳。为了保证顶升过程稳定，需要控制顶升不同步值，不同步值最大偏差为 2cm。

2）异步顶升（图 16-6）

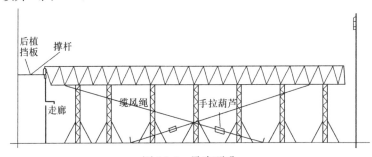

图 16-6　异步顶升

当悬挑平台位置杆件补充定位后，开始异步顶升。

顶升第二阶段，24 个顶升点中 12 个低点位继续匀速顶升，圆弧分布的 12 个点位以不同速度开始顶升，网架最高顶升点每次最大顶升 750mm，根据各顶升点到左侧支座的水平距离，重新设置每个顶升点的顶升速度，根据计算得出各顶点每次顶升左移尺寸，当左移尺寸超过 20mm 时，移动一次顶升架，直至顶升至最高支座处。

顶升塔架与液压油缸顶升行程如图 16-7 所示。

（5）控制网架高空变角度侧向位移施工技术

变角度顶升原理实质是通过设定顶升点不同的顶升速度，从而实现网架由平面变成倾斜面，因此在不同速度顶升行程过程中，如何保持整体稳定性是网架顶升最重点的环节。本次施工过程中水平侧向变角度的侧向位移控制措施是本技术的关键点。

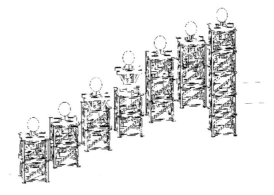

图 16-7　顶升塔架与液压油缸顶升行程

本施工技术依次采取以下措施进行侧向位移控制：当网架顶升到最低支座处时，停止顶升工作，向支座延伸网架，进行与支座球补杆连接。为应对侧向位移，在支座后侧设置支撑挡板，防止网架坡度调整时支座侧向滑移。此时支座球与竖向支座筋板安装不焊接，从而保证在网架坡度调整时可以让支座球自由旋转，待网架坡度调整完毕后再行焊接。如图 16-8 所示。

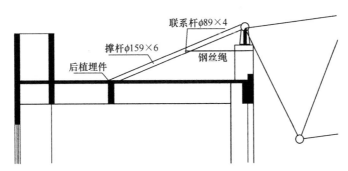

图 16-8　网架最低点与支座连接措施

根据网架上下弦网架尺寸和高差等数据，采用电脑虚拟施工技术对侧向变角度过程进行模拟，测定每次顶升点偏移量。如图 16-9 所示。

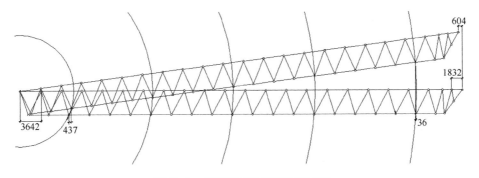

图 16-9　虚拟施工模拟变角度过程

顶升点每次顶升时，顶升点向左偏移尺寸表（mm）　　　表 16-2

顶升次数	N1 右移	N2 右移	N3 右移	N4 右移	N5 右移	N6 右移
1	44	43	42	41	48	40
2	87	83	80	76	81	72
3	128	120	113	105	105	95
4	169	155	141	128	122	111
5	208	187	166	144	130	117
6	247	216	185	155	132	116
7	284	242	201	159	125	107
8	321	266	211	157	110	88
9	356	287	218	149	87	62
10	390	305	220	134	57	28
11	424	320	217	114	18	—15
12	437	326	215	103	0	—35

注：N1 点为 D1～D12，N2 点为 D13、D24，N3 点为 D14、D23，N4 点为 D15、D22，N5 点为 D16、D21，N6 点为 D17～D20，以最右侧 N6 每次顶升 750mm 为一次顶升，最后一次顶升 562mm，N1 点的水平位移最大，因此以 N1 点为基点，N1 点积累到 20mm 后，顶升停止，对支撑架进行移动。

顶升点每次顶升时，顶升点累计升高尺寸表（mm）　　　表 16-3

顶升次数	N1	N2	N3	N4	N5	N6
1	93	248	402	557	711	750
2	186	495	805	1114	1423	1500
3	280	744	1207	1671	2134	2250
4	374	992	1610	2228	2846	3000
5	469	1241	2013	2785	3557	3750
6	564	1490	2416	3342	4268	4500
7	659	1740	2820	3900	4980	5250
8	755	1989	3223	4457	5691	6000
9	852	2240	3627	5015	6403	6750
10	949	2490	4032	5573	7115	7500
11	1046	2741	4436	6131	7826	8250
12	1086	2845	4604	6363	8122	8562

注：N1 点为 D1～D12，N2 点为 D13、D24，N3 点为 D14、D23，N4 点为 D15、D22，N5 点为 D16、D21，N6 点为 D17～D20，以最右侧 N6 每次顶升 750mm 为一次顶升，最后一次顶升 562mm，N1 点的水平位移最大，因此以 N1 点为基点，N1 点积累到 20mm 后，顶升停止，对支撑架进行移动。

异步顶升开始后，最高点每顶 750mm，各个顶升点就需要按照各自位移量依次进行移动。以 1～12 号为例，首先，把 2 号顶升液压油缸卸载，并降到节点下弦球 2cm 处，继续对下弦有一个保护，然后把 13m 位置缆风绳松开一点，使其既保持对活动架的约束，又可以有一定位移，然后把与钢板连接的支撑架脚与钢板分开，撤掉 6m 位置刚性支撑，用两台千斤顶向位移方向顶升架，使其产生移动，移动量与顶升点位移量相等，然后固定顶升架柱脚，重新固定 6m 位置刚性支撑，用 13m 位置缆风绳拉紧并校正支撑架，一切完好后进行回顶，顶到原来位置全部完成后，进行下一个顶升点的移动。如图 16-10 所示。

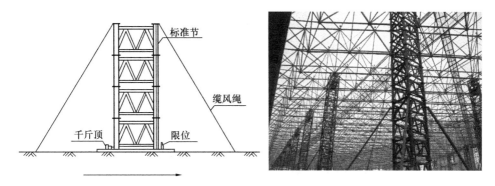

图 16-10　顶升架移动示意图

在网架球部位与结构柱进行拉结，每隔一个支点设置一个，共设置 6 道。支座部分由于顶升过程中有位移产生，因此拉结钢丝绳设置合适松紧度，并根据顶升量及时调整，钢丝绳上挂设 5t 倒链，每次顶升完均放出适量长度，使钢丝绳始终处于松懈状态，具体如图 16-11 所示。

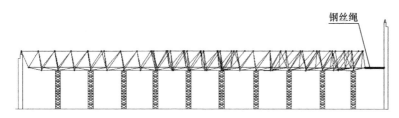

图 16-11　网架顶升拉结示意图

根据网架自重状态下的支座反力计算，网架侧向力合计 229kN，网架抗倾滑用的钢丝绳为 $\phi 16$，其破断应力最小值 119kN；增加 6 道斜拉索，配合倒链控制网架的侧向位移。低端支座左侧挡块起安全保险作用，顶升过程中基本不受力或受力较小。

采用液压油缸传感器电脑集成控制技术，在网架水平顶升时，有水平拉索控制，不会发生水平移动；但在坡型顶升时，网架高端节点会向低端产生水平位移。

通过电脑计算，最右侧顶升完成 750mm，侧向位移偏移超过 20mm，就要调整顶升架的垂直度，同时通过收放倒链来控制网架倾滑距离。

电脑操作置换为手动操作，并读出需调整点的压强，作好记录。选垂直度偏差最大的点，作为第一调整点。手动减压，直至顶升架底部可以移动为止。移动距离为实际偏差值加上 5～8mm（预测向），手动加压，使其压强值接近原记录值，并依次调整其他点。调整完成后置换为电脑控制，继续顶升。如图 16-12 所示。

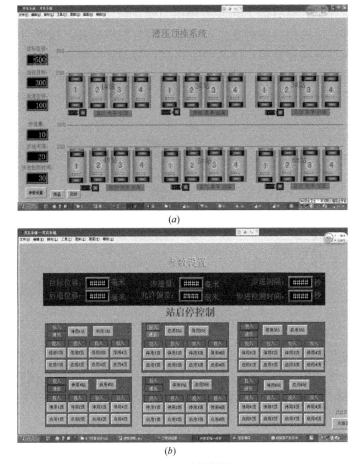

(a)

(b)

图 16-12　电脑控制界面

（a）电脑控制界面 1；（b）电脑控制界面 2

5. 技术结论

　　大跨度钢网架整体高空侧向变角度顶升施工技术，通过分步顶升及高空变角度施工安装，其安装过程中充分运用了全面质量管理知识技巧，施工完成后通过对钢网架进行整体验证统计，安装精准度高、节点焊缝饱满、涂刷均匀，得到社会的好评，顺利实现原设定目标。如图 16-13 所示。

图 16-13　项目施工效果

　　本侧向变角度顶升施工技术在一般网架顶升施工的基础上进行深层次研究，并且达到预期效果。根据本工程施工经验归纳总结形成的施工技术，具有很强的实用性和可操作性，如果在今后的施工中加大培训及推广力度，可使工程参建各方均能从中获得巨大的收益。

第十七章 超大吨位差双机抬吊钢结构技术研究

在建筑钢结构施工中，双机抬吊是一种经常采用且十分重要的吊装方法。它是以两台吊机作为吊装的主吊机，通过对吊装构件重量在两台吊机之间的合理分配，使两台吊机所承受的重量分别在各自吊装允许的性能范围内，从而完成设备的吊装作业。双机抬吊如何保持两台吊机的同步性尤为重要，本文以天津体育学院体育馆钢结构的吊装这一工程实例，论述双机抬吊的施工方法、施工步骤、技术要求以及双机抬吊在不同工况下的同步性处理方法，为今后同类型的施工提供参考和借鉴。

天津体育学院体育馆地上三层，无地下室，地上高度 27.4m，结构形式为混凝土框架结构，屋面为正交双曲面钢桁架结构。如图 17-1 所示。

图 17-1 效果图

1. 钢结构概况

体育馆钢结构桁架尺寸为 117.6m×100.8m，坐落于周边混凝土框架柱之上，其主桁架最大跨度为 75.6m，节点均采用相贯焊接节点，钢结构总重 840t，结构形式较简单，桁架可在地面拼装，由两榀桁架组成一个单元后再进行吊装，故吊装形式采用双机抬吊。如图 17-2～图 17-4 所示。

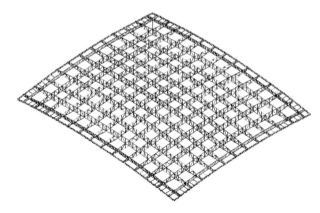

图 17-2 屋面钢管桁架三维轴侧图

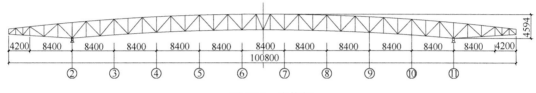

图 17-3　次桁架

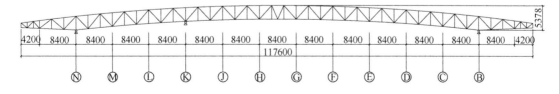

图 17-4　主桁架

2. 技术难点分析

（1）大吨位差双机抬吊的实施

经对作业环境分析，需吊装的钢桁架距离拼装场地较远，故需要桁架远距离抬吊，如图 17-5 所示。由于体育馆主体结构南侧存在 5m 高室外台阶，导致两台履带吊行走距离差异较大，北侧履带吊可行走至最远端钢桁架部位，其最远距离为 93m；南侧履带吊最远行走至室外台阶部位，其最远距离为 67m。

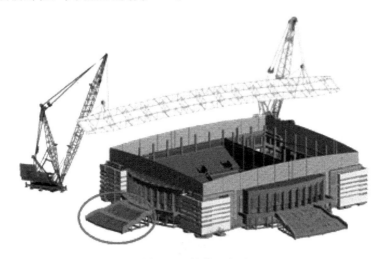

图 17-5　吊装示意图

双机抬吊整个过程同步性控制较难，体育馆南侧履带吊行走至室外台阶处，无法继续同步行走，仅可通过转臂、趴杆等动作与北侧吊车保持同步，故后续吊车之间同步配合为此部分钢结构吊装重中之重；与此同时，由于南侧履带吊无法跨越室外台阶行走，致使其吊装半径大幅增加，故对南侧履带吊的选择尤为重要。

针对复杂工况下大跨度钢桁架吊装的施工特点，开发应用了新型大跨度钢桁架双机抬吊施工技术。通过计算，北侧利用一台 280t、南侧利用一台 450t 的两台不同吨位吊车吊装,当遇到大台阶后,南侧 450t 吊车停止行走,通过转臂、趴杆动作配合北侧吊车继续行走吊装。

对该种工艺进行查新得知,这种吊车量级相差 170t 之多,一台吊车行走、一台吊车趴杆,动作如此复杂的双机抬吊施工在国内外史无前例。如图 17-6 所示。

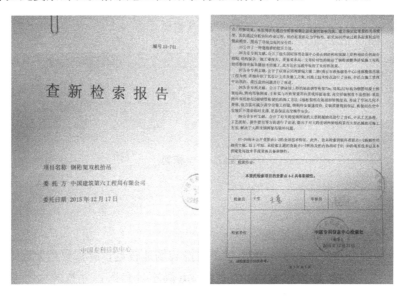

图 17-6 查新报告

（2）南侧高压线的防护措施

体育馆南侧距临时环形道路最近 27m 处有 110kV 高压线,距地约 10m,虽与本案吊装位置甚远,但不可轻视。本案中采取在距 110kV 高压线朝向体育馆一侧 8m 外,搭设 3m 宽、10m 高脚手架进行防护,并在吊装屋面桁架时全程设专人监测。如图 17-7 所示。

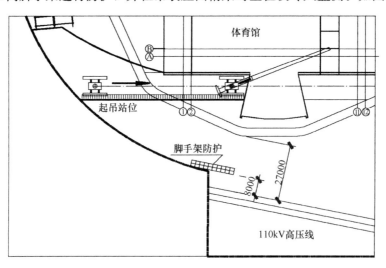

图 17-7 脚手架防护示意图

（3）路基处理难度大

工程地处天津最低处,水位高;经检测,场内表层土均为近两年的回填土,多为淤泥质土及软弱土层，松散、压实度低，故对大型履带吊路基处理也是本次施工难点之一。

3. 技术实施准备

（1）吊索具的选择

工程共 4 个双机抬吊吊装单元，最大构件自重为 86.24t，最小为 67.6t，采用 2 辆履带吊 4 吊点吊装，则每处吊点的竖向力为 86.24/4＝21.56t。

设置吊索与构件的夹角为 60°，得吊索拉力 T＝21.56/sin60°＝24.9t。查表选用钢丝绳极限强度为 1850N/mm²，6×37 直径 56mm 钢丝绳极限破断力 $[F]$＝217.5t。安全系数为 217.5/24.9＝8.7，满足要求。且配套选择公称 80t 以上卡环，每个吊点单绳绑扎，绳索与构件绑扎处使用比构件大一号管径 1/3 瓦片垫实。通过计算，每一吊装单元采用 4 点吊装，每端 2 根，共 4 根单绳绑扎，每根钢丝绳长度 9m。

（2）桁架起升高度的计算

因北侧 280t 履带吊为主臂工况，需考虑最不利工况下主臂和桁架间的净距（南侧 450t 履带吊为塔臂工况，本案不需考虑），以确保行走过程安全。本工程最不利工况为就位状态，桁架起升高度计算如下：

柱顶高度 21m＋支座高度 0.5m＋构件底高出支座高度 0.5m＋构件高度 3.0m＝25m

通过放样计算，主臂和桁架间的净距为 2.452m－1.1m－0.163m＝1.2m。

（3）吊点确定

本工程钢结构 4 个吊装单元桁架分别为 2 个边桁架各 67.6t，2 个中间桁架各 86.3t，负载行走、就位为最不利工况。

1）边桁架吊点

边桁架中，280t 履带吊 4 个吊点中心距桁架最外缘 8.4m、450t 履带吊 4 个吊点中心距桁架最外缘 16.8m，如图 17-8 所示。由于 450t 履带吊额定荷载较大，故吊点靠里，所承受荷载相对较大。

北侧履带吊　　　　　　　　　　　　南侧履带吊

8.4　　　　　　　　　　　　16.8

图 17-8　边桁架吊点位置

280t 履带吊，主臂 55.1m，17m 幅度负载行走及就位，额定起重 54.3t。吊装荷载＝30.73t＋1.7t＋0.5t＝32.93t＜54.3t×70%＝38.01t，此吊点符合要求。

450t 履带吊，主臂 36m（85°），塔臂 54m：①负载行走时，超起配重 60t（半径 14m），幅度 32m，额定起重 64.5t，吊装荷载＝36.87t＋3.85t＋0.5t＝41.22t＜64.5t×70%＝45.15t；②就位时，超起配重 140t（半径 14m），幅度 49m，额定起重 57.5t。吊装荷载＝36.87t＋3.85t＋0.5t＝41.22t＜57.5t×80%＝46t，吊点符合要求。

2）中间桁架吊点

中间桁架中，280t 履带吊 4 个吊点中心距桁架最外缘 8.4m、450t 履带吊 4 个吊点中心距桁架最外缘 25.2m，如图 17-9 所示。由于 450t 履带吊额定荷载较大，故吊点靠里，

北侧履带吊　　　　　　　　　　南侧履带吊

8.4　　　　　　　　　　25.2

图 17-9　中间桁架吊点位置

所承受荷载相对较大。

280t 履带吊，主臂 55.1m，17m 幅度负载行走及就位，额定起重 54.3t。吊装荷载＝34.5t＋1.7t＋0.5t＝36.7t＜54.3t×70％＝38.01t，吊点符合要求。

450t 履带吊，主臂 36m（85°），塔臂 54m：①负载行走时，超起配重 140t（半径 14m），幅度 34m，额定起重 84.5t，吊装荷载＝51.75t＋3.85＋0.5t＝56.1t＜84.5t×70％＝59.15t；②就位时，超起配重 140t（半径 14m），幅度 40m，额定起重 72t。吊装荷载＝51.75t＋3.85＋0.5t＝56.1t＜72t×80％＝57.6t，吊点符合要求。

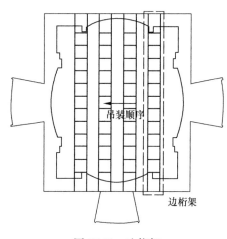

吊装顺序

边桁架

图 17-10　边桁架

（4）起重机的选择及载荷计算

需要吊装的 4 个桁架单位分为中间桁架和边桁架。其中，最远端且靠近体育馆东侧的边桁架和中间桁架为最不利受力工况，边桁架重 67.6t、中间桁架重 86.3t。初步选择双机抬吊的两台机械分别为利勃海尔 R1280 型 280t 履带吊和徐工 QUY450 型 450t 履带吊，故对东侧的边桁架和中间桁架进行负荷计算，如下：

1）东侧边桁架吊装计算（图 17-10）

北侧最不利吊装工况下选用利勃海尔 R1280 型 280t 履带起重机，主臂 55.1m，起吊、负载行走并就位幅度为 17m，吊装高度为 25m，额定起重量 54.3t。

南侧最不利吊装工况下，选用徐工 QUY450 型 450t 履带式吊车，主臂 36m85°，塔臂 54m，吊装高度为 25m。起吊、负载行走 32m 幅度，超起平衡重半径 14m（配重 60t），额定起重 64.5t；就位 49m 幅度，超起平衡重半径 14m（配重 140t），额定起重 57.5t。

根据规范规定：

① 吊装状态下

每台吊车的额定起重量×80％＞每台吊车分配吊装载荷

双机总额定负荷×75％＞双机抬吊总吊装载荷

A. 每台履带吊的起重能力为：

北侧 280t 履带吊：54.3t×80％＝43.44t＞32.93t

南侧 450t 履带吊（起吊）：64.5t×80％＝51.6t＞41.22t

南侧 450t 履带吊（就位）：57.5t×80％＝46t＞41.22t

B. 两台履带吊的起重能力为：

54.3t＋57.5t＝111.8t

111.8t×75％＝83.85t＞（32.93＋41.22）t＝74.15t

② 行走状态下

每台吊车额定起重量×70％＞每台吊车分配吊装载荷

每台履带吊的起重能力为：

北侧 280t 履带吊：54.3t×70％＝38.01t＞32.93t

南侧 450t 履带吊：64.5t×70％＝45.15t＞41.22t

总结，以上两台吊车的选择在上述荷载的分配下能够满足体育馆最东侧边桁架的荷载计算。

2）东侧中间桁架吊装计算（图 17-11）

北侧最不利吊装工况下选用利勃海尔 R1280 型 280t 履带起重机，主臂 55.1m，起吊、负载行走并就位幅度为 17m，吊装高度为 25m，额定起重量 54.3t。

南侧最不利吊装工况下，选用徐工 QUY450 型 450t 履带式吊车，主臂 36m85°，塔臂 54m，超起平衡重半径 14m（配重 140t）。起吊 38m 幅度，额定起重 75t；负载行走 34m 幅度，吊装高度为 25m，额定起重 81t；就位 40m 幅度，额定起重 72t。

根据规范规定：

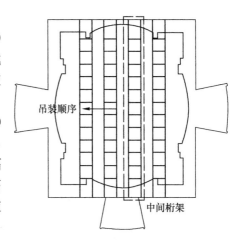

图 17-11　中间桁架

① 吊装状态下

每台吊车的额定起重量×80％＞每台吊车分配吊装载荷

双机总额定负荷×75％＞双机抬吊总吊装载荷

A. 每台履带吊的起重能力为：

北侧 280t 履带吊：54.3t×80％＝43.44t＞36.7t

南侧 450t 履带吊（起吊）：75t×80％＝60t＞56.1t

南侧 450t 履带吊（就位）：72t×80％＝57.6t＞56.1t

B. 两台履带吊的起重能力为：

54.3t＋72t＝126.3t

126.3t×75％＝94.725t＞（36.7＋56.1）t＝92.8t

② 行走状态下

每台吊车额定起重量×70％＞每台吊车分配吊装载荷

每台履带吊的起重能力为：

北侧 280t 履带吊：54.3t×70％＝38.01t＞36.7t

南侧 450t 履带吊：81t×70％＝56.7t＞56.1t

总结，以上两台吊车的选择在上述荷载的分配下能够满足体育馆东侧中间桁架的荷载计算。

4. 吊装实施

整个体育馆钢桁架吊装共分为 4 个吊装单元，每个单元先在地面拼装焊接完成，吊装顺序由东向西依次吊装，其吊装主要实施步骤：

　　路基处理→脱胎起吊→会车→同步行走→转臂、趴杆同步平移→脱钩就位。

　　（1）胎架制作

　　胎架全长 120m、宽 18m、高 6m。底横梁采用 18m 方管 300mm×300mm×10mm 间隔 6m 布置；立杆采用 6m 方管 200mm×200mm×8mm 纵向间隔 6m（与底横梁同）横向三道布置；桁架支撑牛腿采用 0.5m 方管 200mm×200mm×8mm 按需求标高布置；胎架底面支撑在基础堆上，保证胎架平整度。纵向支撑与底面支撑成 90°垂直状态，立撑时采用两台经纬仪控制纵向支撑的垂直度。定位支撑位置，根据管桁架球形曲面半径，经过 CAD 放样计算确定，固定定位支撑时采用水准仪进行标高监控。如图 17-12、图 17-13 所示。

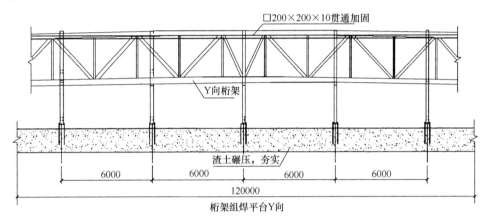

图 17-12　拼装胎架横向示意图

图 17-13　胎架图

　　（2）路基处理

　　场地内均为近 2 年内回填的杂土，土质较差、含水率高，不能满足两台履带吊的负载行走，需要对吊车行走路线进行路基处理。

　　1）处理范围

　　280t 履带吊两履带外缘宽 8.25m，北侧需处理路基 12m 宽；450t 履带吊两履带外缘宽 9.35m，南侧需处理路基 13m 宽。

2）路基荷载计算

路基荷载以最不利荷载计算，故以 450t 履带吊为例计算对地压强。450t 履带吊自重 415t，超起工况后配重 140t，车身压重 40t，行走起吊桁架最重 86.24t，分配至吊车约 65t，共计载荷 660t。

如未铺设路基板，整体起吊时按一侧履带受力，压强 $P=660/(9.8×1.35)=50t/m^2$。

如考虑铺设路基板，路基板规格为 5.4m×2.7m×0.2m，单块路基板重 7t，共 4 块，总重 28t，压强 $P=(660+7×4)/(5.4×2.7×4)=11.38t/m^2$。

综述，为减小地面处理要求及节省造价，需考虑铺设路基板。

3）处理方法

首先，将范围内积水、杂草等清除，并将原地面反挖 900mm 深；其次，路基槽底进行夯实后，采用 300mm 厚 3：7 灰土回填、压实、养护，待达到强度后，分 3 步，每步 200mm 厚砖渣土回填，采用 450t 履带吊分层压实，并铺设路基板；最后，进行现场重型动力触探试验检测地基承载力。如图 17-14 所示。

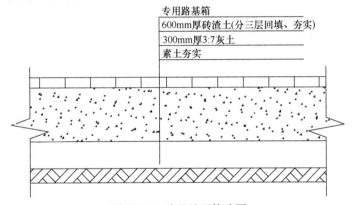

图 17-14 路基处理构造图

（3）脱胎起吊

钢桁架采用立拼法地面进行拼装，拼装场地位于建筑物的西侧，距离第一榀吊装单元最远；450t 履带吊与钢桁架吊点呈 45°角站位，并附超起配重 60t；280t 履带吊正对桁架吊点站位，两台吊车位置连线与桁架平行。在检查完吊钩等锁具后，统一指挥及发号施令，两台履带吊同时将桁架缓慢提升，提升速度控制在 0.1～0.2m/s 之间，使桁架脱离胎架至 500mm 高度，静止半小时，观测其挠度值是否符合设计及规范要求。如图 17-15 所示。

图 17-15 脱胎起吊

（4）会车

在桁架起吊后，需要将桁架调整至东侧预定行走位置，通过两台履带吊互相调整角度及位置将桁架旋转至车东侧，此过程称为会车，如图 17-16 所示，分五步实施：

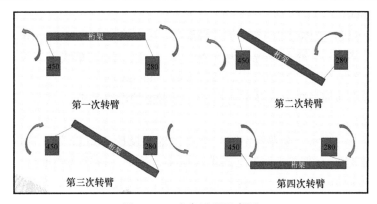

图 17-16　会车过程示意图

1）两台履带吊塔臂顺指针同步旋转 45°。如图 17-17 所示。

图 17-17　两台履带吊塔臂顺指针同步旋转 45°

2）450t 履带吊保持角度不变，280t 履带吊逆时针旋转 90°并向东侧行走 5m。如图 17-18 所示。

3）450t 履带吊继续顺时针旋转 45°，280t 履带吊继续逆时针旋转 45°。如图 17-19 所示。

图 17-18　450t 顺时针旋转 45°，280t 逆时　　　　图 17-19　450t 顺时针旋转 45°，280t 逆时针旋转 45°
　　　　针旋转 90°，并向东侧行走 5m

4）450t 履带吊逆时针旋转 45°，280t 履带吊同步逆时针旋转 90°并向西行走 5m。如图 17-20 所示。

5）同时提升桁架至 25m 预定高度。如图 17-21 所示。

图 17-20　450t 逆时针旋转 45°，280t 逆时　　　　　　图 17-21　同步提升桁架至 25m
针旋转 90°，并向西行走 5m

（5）同步行走

待桁架提升至 25m 高度，280t 吊车调整主臂幅度 17m，450t 吊车调整主臂 36m（85°），副臂幅度 32m，由总指挥统一发令向东同步行走，行走过程中每台吊车履带行走位置均提前做好刻度尺，两台吊车的副指挥每隔 2m 汇报吊车行走长度，供总指挥判别是否同步行走，行走距离差超过 0.5m 时，两台吊车重新调整位置使其同步后重新向东行走至南侧履带吊接近室外台阶处后停止，两台履带吊分别行走 67m。如图 17-22、图 17-23 所示。

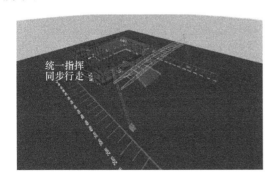

图 17-22　同步行走 BIM 模拟图　　　　　　　　　　图 17-23　同步行走

（6）转臂、趴杆同步平移

由于南侧室外台阶影响，450t 履带吊不能与北侧 280t 履带吊通过行走的方式保持同步，故改变 450t 履带吊作业工况如下：

1）增加南侧 450t 履带吊超起配重至 140t，使其额定载荷达到 57.5t；

2）在北侧 280t 履带吊行进 26m 的同时，南侧 450t 履带吊通过顺时针旋转臂杆 21.66°、减小副臂角度（趴杆）25.83°，同时提升吊钩高度 17.13m，两台吊车配合过程中，由两名副指挥分别读取预先做在支撑桁架的结构梁上的刻度线，每隔 2m 读数一次，误差超过 0.5m，重新调整后继续同步平移。如图 17-24、图 17-25 所示。

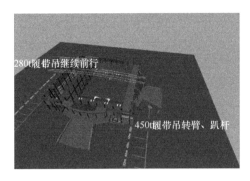

图 17-24　转臂、爬杆 BIM 模拟图

图 17-25　超起配重

（7）脱钩就位

待两台吊车完成以上不同工况、不同动作后，检查桁架与吊装支座的相对位置，并采用捯链、撬棍等工具进行微调，使其与支座的相对位置误差控制在 20mm 以内；调整好位置后，桁架同时缓慢降至支座，采用焊接连接。如图 17-26、图 17-27 所示。

图 17-26　脱钩就位

图 17-27　焊接

5. 技术成果

在整个项目组的共同努力下，体育馆钢结构 8 榀钢管桁架双机抬吊顺利完成，此安装方法的特殊工况，为后续类似钢结构的施工提供了宝贵的经验，同时，此安装方法，大大地节约了工期，受到了监理、业主单位的一致好评。如图 17-28 所示。

图 17-28　吊装完成

第三篇

体育设施专项施工技术研究

第十八章　专业射击馆新型挡弹板实施技术

伴随着国民经济的持续发展，我国于 2008 年成功举办了第 29 届夏季奥林匹克运动会，圆了中国人民的百年奥运梦，自此以后中国体育事业进入了蓬勃发展的黄金时代。此次奥运会的射击比赛中国取得四枚金牌，曾一度使射击比赛成为国内体育项目新宠儿，然而射击比赛仍为高危运动，存在较大风险，尤其当其产生的流弹射出室外时，对于民众来说无异于定时炸弹，在全民健身运动的同时人身安全不容忽视，由此露天靶场内的安全防护措施应运而生。天津健康产业园射击馆项目通过对国内外现有的室外靶场挡弹措施进行研究，并在此基础上对其加以改进创新，一种全新的三角钢桁架挡弹板被应用于专业射击馆露天靶场上空。室内靶位 120 个，室外靶位 150 个，目前为世界上靶位最多、规格最高的射击场馆，三角钢桁架在室外露天靶场上空得到广泛应用，钢桁架共计 40 个，挡弹板面积 1572m²。如图 18-1 所示。

图 18-1　射击馆

1. 三角钢桁架挡弹板国内外发展形势

通过对国内外各射击场馆资料及现场的考察，目前，最常用的三角钢桁架上挡弹板安装方式为：先在挡弹钢板后侧密拼网状方钢龙骨，再通过中间圆形构件采用抱箍形式将挡弹钢板固定在三角桁架上，此种连接方式导致挡弹板的自重较大，同时经过子弹长期冲击，抱箍处容易松动，因此，国内外常规的安装方法存在诸多弊端，本章介绍的专业射击馆在此基础上对挡弹板进行了改进和创新，形成了新型三角钢桁架挡弹板技术。

2. 三角钢桁架挡弹板技术特点

（1）通过在混凝土柱上预埋埋件的方式使三角钢桁架固定在混凝土柱上，增加了钢桁架的稳固性。

（2）根据物理学原理确定各排三角桁架等高不等距排列，使得三角钢桁架挡弹板能够阻挡所有流弹。

（3）紧贴挡弹板后侧的龙骨采用轻钢龙骨，在减轻钢桁架自重的同时，起到减震降噪的作用。

（4）在满足设计要求的前提下，挡弹板各道龙骨及钢板均采用焊接形式，最终将各部件形成统一的整体，使安装结构牢固可靠。

（5）挡弹钢板外侧密拼固定 30mm 厚挡弹木，用于防止子弹撞击挡弹板反弹，同时挡弹木做防腐处理，外侧刷木油保护，在保证抵抗风化腐蚀的基础上保证了外形的美观，同时，木油亮度适中，并不会对运动员射击视线造成影响。

3. 技术方案

三角钢桁架挡弹板施工流程如下：

浇筑混凝土柱并预埋三角钢桁架预埋板→钢结构三角桁架安装→提前处理防腐木并干燥→方钢连接件及方钢竖龙骨安装→C 型钢水平龙骨安装→在 C 型钢上焊接 3mm 厚钢板→将 30mm 厚防腐木密拼固定在钢板上→防腐木表面刷木油保护→验收合格完成安装。

（1）浇筑混凝土柱安装三角钢桁架

钢筋混凝土柱截面尺寸为 400mm×550mm，标高由±0.000 起至 3.5m 高的部位，其上 1.9m 高部位为一个 400mm 宽的倒三角形状，在浇筑混凝土柱之前三角形面两侧对称预埋 300mm×300mm×30mm 预埋板，两埋件采用 9φ12 锚筋锚固拉结，分别用于两端三角桁架的固定。混凝土柱浇筑时，为保证整体协调美观，各个混凝土柱上的倒三角的高度及大小必须相同，在混凝土柱上的预埋板采用水准仪控制其标高，预埋板附加一个钢筋端头卡在模板上，用以控制预埋板位置，同时浇筑混凝土柱前与混凝土柱钢筋牢固焊接在一起，以防止浇筑混凝土时预埋板跑偏，模板支设完成后，对预埋板位置进行校对，确保其位置不变，在同一标高上。混凝土凝固牢固后，将加工完成的三角钢桁架依次固定在各排混凝土柱的预埋板上，固定期间确保钢桁架水平，同时面向射击区三角形斜面与水平方向成 60°。如图 18-2 所示。

（2）防腐木的处理

挡弹钢板外侧防腐木采用松木，将松木按照 2500mm×100mm×30mm 的尺寸进行批量加工，加工完毕后置于阴凉处自然晾干，严禁置于太阳下暴晒，晾干过程不得少于 30d。待松木自身水分蒸发完毕后将其擦拭干净，装进盛满氨溶烷基胺铜（ACQ）溶液的大型容器中浸泡，浸泡时间不得少于 3d，使水分充分渗进松木中，当松木表面不再出现气泡后，将松木从溶液中取出，置于阴凉处自然风干，风干时间不得少于 15d，此项工作反复进行 3 次，

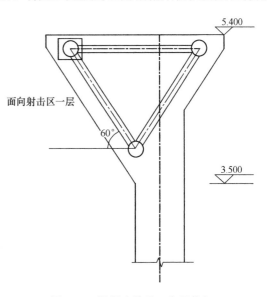

图 18-2　混凝土柱及三角钢桁架

使溶液药剂得以完全渗入松木，以确保松木的绝对防腐性。此道程序加工周期较长，因此必须提前准备。

（3）方钢连接件及方钢竖龙骨的安装

方钢竖龙骨采用截面尺寸规格 100mm×100mm×4mm 的方钢管，每根方钢管长度 2m，为防止产生的噪声扩散，因此在方钢管两端头密封 6mm 厚的封头板使方钢管形成密闭空间，减小了方钢竖龙骨与三角钢桁架之间的接触面积，从而减弱子弹撞击挡弹板产生的巨大震动并传给三角钢桁架，如图 18-3 所示。在每根方钢竖龙骨距离两端 55mm 处各焊接一个方钢连接件，通过方钢连接件固定在三角钢桁架的上下弦杆上，方钢连接件规格采用 120mm×73mm×8mm，制作时为方便方钢连接件与三角钢桁架的完全连接，特将方钢连接件的一个 120mm 长边制成半径 90mm 的弧面，以保证弧面能够完全贴合三角桁架钢管，如图 18-4 所示。将焊接牢固的方钢连接件及方钢竖龙骨整体焊接在面向比赛区与水平方向成 60°的三角钢桁架斜面上，每相邻两根方钢竖龙骨按等间距 1m 进行排列，固定时为确保方钢竖龙骨垂直，焊接每根方钢竖龙骨时必须拉垂线进行定位。

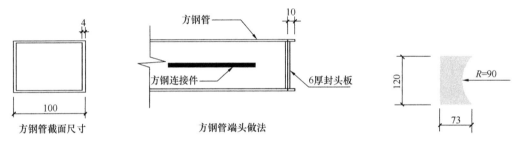

图 18-3　方钢管截面尺寸及端头做法　　　　图 18-4　方钢连接件规格尺寸

（4）"C"型钢水平龙骨的安装

C 型钢水平龙骨采用截面尺寸为 100mm×40mm×15mm×4mm 的塑性材料，C 型钢龙骨长 7m，选用此种材料在减轻了构件自重的同时，又能有效地减弱震动的传播，在子弹冲击挡弹板的同时直接在震动的传播途径上使震动大大减弱，从而有效地降低产生的噪声。C 型钢龙骨焊接在方钢竖龙骨外皮，与方钢竖龙骨垂直焊接，最上侧 C 型钢龙骨距离方钢端头 200mm，竖直方向从上到下龙骨相邻 C 型钢龙骨按等间距 480mm 排列。安装时采用水准仪控制每根龙骨两端的标高，先对两端进行初步定位的点焊，当所有 C 型钢龙骨初步定位完成后，再整体进行复查，复查无误后对每个 C 型钢龙骨与方钢竖龙骨交接位置处进行满焊，若发现有较大误差则重新进行定位，从而保证 C 型钢龙骨的水平。水平方向相邻 C 型钢水平龙骨间预留 10mm 伸缩缝，确保 C 型钢水平龙骨不受各个季节的物理变化影响。如图 18-5 所示。

（5）挡弹钢板安装

挡弹钢板采用 2500mm×2500mm×3mm 不锈钢板，挡弹板必须经过严格筛选，严禁钢板表面出现凹凸不平的现象，确保钢板表面的平整性，挡弹钢板焊接在 C 型钢水平龙骨外皮，焊接时紧贴水平 C 型钢龙骨以确保挡弹钢板安装牢固。挡弹钢板伸出方钢竖龙骨上下各 250mm，以保证挡弹钢板在各排不等间距钢桁架排列下的挡弹要求。如图 18-6 所示。

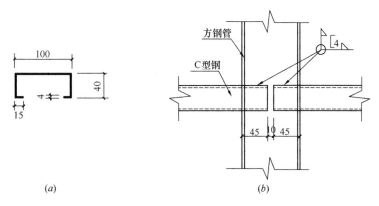

(a)　　　　　　　　　　　　　　　(b)

图 18-5　C 型钢截面尺寸及断部做法

(a) C 型钢截面尺寸；(b) C 型钢断面做法

图 18-6　挡弹钢板安装效果图

（6）安装防腐木

将早期准备好的防腐木运至施工现场，防腐木安装时，上对齐挡弹钢板的上下边缘，采用 40mm 自攻螺栓将防腐木固定在挡弹钢板上，自攻螺栓不宜过多，否则影响防腐木表面的平整度及美观，自攻螺栓在距离防腐木上下边缘 500mm 处为最佳。相邻挡弹木之间拼接要严密，不能留有缝隙，防止子弹直接打到的挡弹钢板上出现反弹。待防腐木全部固定完成后，在挡弹木表层刷木油保护，木油不宜过亮，使人视觉看到的防腐木不显粗糙感即可，颜色过亮容易反光，反而会影响运动员射击比赛。如图 18-7 所示。

图 18-7　防腐木安装效果图

4. 技术推广前景

三角钢桁架挡弹板施工技术在专业射击馆中得到了全面的创新运用，建筑成品效果及质量极佳，同时相比常规的安装方法用材更少、更轻便、更经济节约，将整体构件"化整为零"更便于现场施工，此技术适用于射击场馆露天靶场上空的挡弹安全措施。

根据此项技术编写的"三角钢桁架挡弹板施工方法研究创新"QC 材料，于 2013 年获得全国工程建设优秀质量管理小组一等奖，同时该技术已申请国家级实用新型专利，专利号为"201320175717.0"。为使该技术得到更广泛的推广应用，该技术的施工方法已编制成"三角钢管桁架挡弹板施工工法"在中国建筑第六工程局获奖并已推荐至中建总公司。相信凭借该技术的经济、高效、便捷等优点定能在射击场馆中得到广泛应用。

第十九章　网球红土场地施工技术

　　天津体育学院新校区作为一所云集多所国际标准体育场馆的体育类高等院校，包含21个专业体育单体，集教学、训练、比赛等多功能一体化，承办了2017年全运会的部分比赛。项目施工管理的红土网球场为天津市唯一的专业红土网球场，市内没有相关施工经验可以参考，项目的高标准、严要求及工程的复杂性、多样性，对各单体建筑提出了更高的要求，经项目管理技术人员查阅资料、研究讨论，制定出适合该体育场的应用技术，开创了天津市首个专业网球红土场地施工的先河，对类似工程具有指导意义。

　　为了加强对红土场地施工的经验分享与交流，特对天津体育学院新校区的网球馆红土场地就特点、原材、施工工艺、改进措施、质量控制等方面予以阐述。

1. 红土场地概述

（1）红土网球场介绍

　　网球四大满贯包括澳大利亚网球公开赛、温布尔登网球公开赛、法国网球公开赛、美国网球公开赛，分别简称为澳网、温网、法网、美网。其中澳网和美网场地采用硬地，即平时最常见的弹性丙烯酸场地，温网采用草地，而法网采用红土，中国球员李娜就是在2011年法网公开赛中折取桂冠，成为首个在大满贯中获得冠军的中国球员，也是首个亚洲球员。相比于硬地的弹性差、地面反作用强以及草地的摩擦小、球反弹速度快、弹跳低等特点，红土具有弹性高、球落地时与地面摩擦大、球速较慢等特点，能把球反弹到球员肩膀以上的高度，球员在跑动中特别是在急停急回时会有很大的滑动余地，增加了双方交手回合的次数，因此也舒缓了比赛的节奏。球员在红土场跑动中击球或救球时，经常会出现滑步，这是红土场上独具的优美风景，也是红土作战必须学会的技巧之一，增强了比赛的观赏性。红土网球场作为"软性球场"最典型的代表，也给非专业选手和年龄更宽的爱好者增加了锻炼的乐趣，红土网球场全貌如图19-1所示。

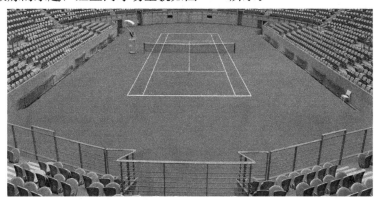

图 19-1　红土网球场全貌

（2）网球场地的介绍

1）弹性丙烯酸场地（图 19-2）

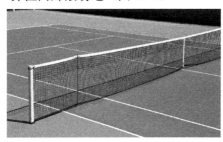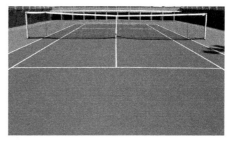

图 19-2　弹性丙烯酸场地

弹性丙烯酸网球场地表面平整、硬度高，球的弹跳非常有规律，但反弹速度很快，而且硬地表面的反作用强而坚硬，容易对运动员造成伤害。场地需要经常清洗维护，至少每月一次用清水冲洗，污秽重的地方需用适量洗衣粉刷或擦洗，尤其是比赛前后需要用水冲刷以保持场地的色彩和清洁卫生；夏季炎热天气要喷洒凉水以降低表面温度；场地周围应经常洒水，以防尘土飞扬，影响场地清洁；排水系统要经常清理，保持场内排水畅通。

2）草地（图 19-3）

图 19-3　草地

草地球场是历史最悠久、最具传统意义的场地，其特点是球落地时与场地摩擦小、球的反弹速度快且不规则，因而对于球员的反应、奔跑的速度和技巧要求非常高，且草地球场对于草的特性和规格有严格要求，加上气候的限制、维修和保养的昂贵费用等，很难被推广至世界各地。目前很少的几个草地职业赛事几乎都是在"英伦三岛"上举行，如网球四大满贯之一的温布尔登锦标赛，这是最古老、也是最负盛名的一项草场赛事。

3）红土场地（图 19-4）

图 19-4　红土场地

红土场表面与球的摩擦比较大，因而球速慢，来回回合非常多，这就要求球员要拥有比在其他场地上更出色的体能、奔跑和移动的能力以及更顽强的意志品质。在这种场地上比赛，对于球员的底线相持技术是个考验，球员往往要付出更大的体力消耗，耐心同对手周旋。获胜一方往往不是发球上网型的凶悍球员，而是在底线艰苦奋斗的一方。很多球员的网球生涯就从红土场起步，其中最典型代表就是法网九冠王——拉斐尔·纳达尔。

进入红土场地需要使用干净的红土运动鞋，不得有锐边。另外由于红土场地的特殊性，需要经常检测和维护面层以保持良好的面层质量，尤其是在每一次的高强度比赛使用之后，需要用工具将磨损的面层补平并维持面层的紧实度，在对场地的刮平作业后需要用滚子碾压。专用红土场地如图 19-5 所示。传统红土场地也存在诸多缺点，如运动中产生凹凸坑致使滑步不畅、球落地后飞行轨迹改变。维护用土量大等，给使用和维护带来极大的麻烦和成本付出。

图 19-5　专用红土场地

（3）与传统用红土场的对比

1）比赛线

传统红土场的比赛线为油漆画线，比赛线会随着球及球员的运动而逐渐变浅、位置偏移，因此在每场比赛结束后甚至是在激烈比赛中，都需要修补比赛线或重新画线，维护成本较高。本工程采用白色 PVC 国际标准固定比赛线，更符合体育学院的教学训练实际情况。

2）洒水及排水设施

传统红土场下面需专门设排水沟，以满足日常维护洒水、排水要求，日常维护工作量大、成本高。本工程采用的红土采用法国原产进口 CONICA 保湿型免洒水维护型红土，获得国际网球联合会 ITF（International Tennis Federation）认证，为国际顶级红土网球比赛专用材料。基层施工满足平整即可，不必要设洒水和排水设施，设计、施工、养护均方便；采用水分采集存储技术，保证室内场地保持合适湿度，日常维护无须碾压平整场地、无须洒水，有利于比赛及赛事的转播。

3）防冻性

本工程红土场还具有出色的透水性和防冻性，可保证一年四季均可打球，不受季节、温度限制，更适宜于本工程所处纬度及气候环境。

2. 技术难点

（1）红土碎粒的搅拌

成品型红土碎粒（2.0～8.0mm）与红土专用 PUR 黏合剂理论上应以 100：8 的比例

混合投入搅拌机。在实际施工中，因红土碎粒的粒径不均匀，需要在搅拌过程中，根据实际情况调整混合比例。若黏合剂过少，则红土碎粒间黏合不牢固，摊铺后碎粒层易产生裂缝，球员运动时可能会踢飞部分红土碎粒，破坏碎粒层的平整度，影响场地质量及球员发挥；若黏合剂过多，则碎粒层摊铺后过硬，无法与面层红土有效结合，失去红土的自身优势，而且黏合剂会发生化学反应产生气泡，造成场地鼓起等严重质量问题。因此需要现场专业管理人员，根据搅拌的结果及试摊铺的情况调整比例，保证施工质量达到要求工艺。

（2）碎粒摊铺

摊铺过程需要控制摊铺机行走均匀，使碎粒层摊铺厚度控制在 30mm。要保证摊铺作业及供料的连续性，摊铺机必须缓慢、均匀、连续摊铺，不得随意变换或中途停止。混合料的数量随着摊铺过程而减少，较少时会导致摊铺装置工作仰角变化，摊铺薄厚不均匀，若再加料则会再次改变仰角，最终摊铺成波浪形。可以在实际摊铺过程中实时监测，根据基层平整度将摊铺板高度适当调整，或是使混合料数量保持大约在布料器的 2/3，随时调整出料闸门的开度及刮板输送器的输送能力。摊铺接缝区域及收边区域由人工手工处理，确保红土碎粒高度一致、摊铺平整，复核标高满足图纸设计要求。

3. 施工方法及工艺

（1）工艺流程

基层施工→测量放线→场地基层处理→场地补平→红土碎粒层施工→安装比赛线→面层红土施工→养护与保养。

（2）基层施工

1）三七灰土

先铺设 200mm 厚 3：7 灰土，压实系数大于等于 0.94，再夯实。

2）二灰碎石

灰土上铺设 230mm 厚二灰碎石（石灰、粉煤灰、碎石）基层，达到合理配合比，具有一定无侧限抗压强度，并达到压实度和规范要求。

3）沥青混凝土

为了改善沥青层的抗滑性能，特别是表面层在构造深度较大的情况下，又具有良好的防水性的结构形式，宜采用多层沥青混凝土的方法。在二灰碎石上分别铺设 50mm 厚 AC-16 沥青混凝土和 30mm 厚 AC-10 沥青混凝土。AC-10 沥青混凝土透水性小、耐久性好，表面层的摩擦系数能达到要求，可防止水下渗。AC-16 沥青混凝土表面构造深、抗变形能力较强，但其透水性、耐久性较差。

红土场结构如图 19-6 所示。

（3）测量放线

使用仪器测量放线，确定场地位置，确定场地中心线位置，标记网球柱孔洞。标准网球场地尺寸如图 19-7 所示。

（4）基层处理

1）作业准备

按照图纸要求及现场实际排水沟位置找出坡度，确定并复核场地基准标高。

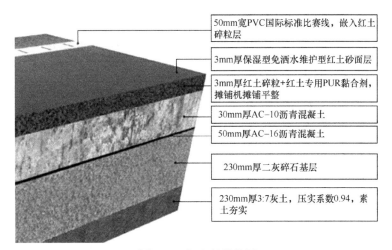

图 19-6　红土场结构图

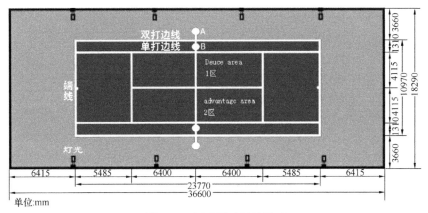

图 19-7　标准网球场地尺寸

2）球柱柱孔处理

采用插入式网球球柱，柱子总长 1370mm，预埋深度 300mm，保证预埋后球网地面高度为国际标准的 1070mm。待沥青混凝土施工完后，自面层向下挖 270mm，即在二灰碎石层中埋深 190mm，柱孔尺寸 90mm×90mm。用泡沫或薄膜将网柱孔填塞好，防止碎粒层及面层红土落入，以备后用。

3）作业面清洁

将沥青混凝土结构层上的杂物清净，沥青表面不能有油污、灰尘，保证表面完全清洁干净后可进行下一步工序。

（5）场地补平（图 19-8）

1）测量平整度

先清洗地面，并对球场试水或用 3m 靠尺检测，测试场地平整度。

图 19-8　对场地进行修补找平

147

2）标记

全场洒水 1h 后，在凹陷积水超过 3mm 处（可用硬币测试）用粉笔做记号，不可使用蜡笔或油性笔，否则会污染沥青基础。

3）填补找平

用铲刀、刮尺将混合料填补在地面凹陷处，或将高凸的地方打磨平整，使地面达到网球场的平整度要求，积水不超过 3mm（国际网联规则要求）。

4）打磨

干透后用粗砂轮手工打磨补平边缘，减小痕迹，使地面均匀。

（6）红土碎粒层施工

1）碎粒搅拌

在网球馆室外设置搅拌机，将成品型红土碎粒（2.0～8.0mm）与红土专用 PUR 黏合剂以 100：8 的比例混合投入搅拌机，混合搅拌至少 5min，直至混合均匀不出现黏合团聚状态，否则继续搅拌，如图 19-9 所示。待混合均匀后将物料用手推车运输至施工区域。

图 19-9　红土碎粒与黏合剂的混合搅拌

2）碎粒摊铺

将混合好的物料，均匀倾倒在待摊铺区域上，使用德国先进的 SMG 自动摊铺机，调整好摊铺机摊铺板的高度，由里向外开始摊铺，如图 19-10 所示。在摊铺过程中，需控制

图 19-10　混合物料的摊铺

摊铺机行走均匀，使碎粒层铺设厚度达到 30mm，并根据实际基层平整度将摊铺板高度适当调整，摊铺时交接边缝的人工收边与接缝区域，需要用手工处理，确保红土碎粒高度一致、摊铺平整，复核标高以满足图纸设计要求。待红土碎粒层全部完全固化后，方可进行比赛线安装。

（7）U 型比赛线安装

1）明确尺寸

将比赛线的各个点位在碎粒层上测量并用记号笔标出。白色国际标准化赛线如图 19-11 所示。

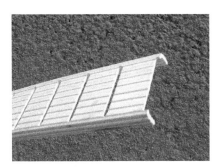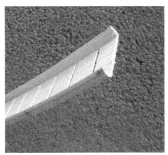

图 19-11　白色国际标准比赛线

2）切割

使用专用切割机按照标记进行切割，切割深度在 13～15mm。切割时要使切割机行走均匀，不得强行推动切割机，在切割过程中要不断检查是否切割到位，避免出现切割线偏移或切割深度不足的现象。如图 19-12 所示。

3）黏合

先用黏合剂灌注到切缝中，黏合剂不能过多，避免溢流出至比赛线表面；然后再将白色 PVC 国际标准比赛线嵌入，保证比赛线面层高于碎粒层面层 3mm，使用振动器震动压实，局部使用橡皮锤敲实，不得使用钢钉固定。比赛线的安装如图 19-13 所示。

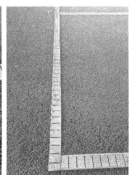

图 19-12　场地切割后安装比赛线　　　　图 19-13　比赛线的安装

（8）面层红土层施工

面层红土厚度为 3mm，用量约为 5.3～6kg/m²，每个标准网球场约需 3.8～4.5t 面层红土。分段将红土倒入耙平，摊铺 3mm 厚度，拖匀面层红土，并分段碾实压平，保证整片场地颜色均匀一致，工作结束后清洁比赛线。如图 19-14 所示。

4. 技术展望

天津体育学院新校区红土网球场（图 19-15）的顺利竣工，标志着体育类院校迈入了国际标准水平的行列，同时红土场地成熟的开展，填补了公司在体育建设中有关网球多种场地的空白，网球场顺利实施得了社会各界高度的评价。

图 19-14 摊铺 3mm 厚面层红土

图 19-15 网球红土场实际效果图

第二十章 FIBA、BWF 双认证悬浮式运动木地板施工技术

随着现代社会竞技体育的发展，各项体育赛事对体育场馆硬件设施的要求也越来越高，各种新型材料、新工艺也应运而生。本章将对天津体育学院综合体育馆所采用的 FI-BA、BWF 双认证悬浮式运动木地板施工工艺进行介绍，从施工重难点、木地板的创新工艺与优势、原材料的选取，再到施工过程的质量控制措施等方面进行分析，并以施工方的角度进行全方位的阐述。

1. 案例背景

天津体育学院新校区体育馆为甲级体育建筑，2017 年全运会比赛场馆，内置固定座椅及活动座椅。馆内主要包含比赛厅、训练厅、设备用房、更衣室、淋浴室、办公室、贵宾休息室、播音室、记者室等配套用房，可进行篮球、排球、体操等各项大型体育赛事。如图 20-1 所示。

图 20-1 体育馆实景图

体育馆比赛厅与训练厅地面均采用 FIBA、BWF 双认证悬浮式运动木地板，如图20-2所示。木地板原材均为北美进口，包含通过美国枫木协会（MFMA）和德国标准化学会（DIN）标准双重认证进口面漆、北美原产枫木面板，特殊工艺加工而成的副板与龙骨以及专利弹性胶垫等，施工面积大，采用机械设备气电化程度高，具有一定的可推广性。

2. 双认证悬浮式运动木地板技术参数

双认证悬浮式进口木地板性能优异，通过国际篮联（FIBA）、国际羽联（BWF）双重认证，也满足 NBA（美国职业篮球联赛）的场地标准，NBA 当中有 10 支俱乐部比赛

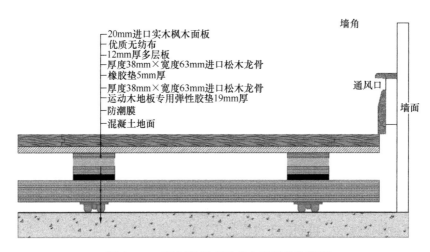

图 20-2　双认证悬浮式运动木地板构造说明

场地选用的就是该产品。其建设后必须符合以下几项技术参数：

（1）冲击吸收：避免运动员落地时受到地板的反作用力而受伤，指标要求冲击力吸收 ≥53%；

（2）滚动负荷：测试地板的弹性恢复程度，即地板在高密度使用后表面平整、无凹痕。保证地板的耐用性，扩大场馆适用范围，同时降低维护费用。指标要求在 1500kN 负荷下无明显痕迹和损伤；

（3）球反弹力：即运动木地板上篮球的反弹高度至少为水泥地面的 90%，该指标涉及运球时的姿势与力度的掌握，满足快节奏运动的需求；

（4）摩擦系数：测试运动木地板表面摩擦系数，国际标准为 0.4~0.6；

（5）垂直变形：测试运动木地板的垂直变形，要求某点在垂直受到一定冲击力时，地板的垂直变形必须≥2.3mm，该指标通过测试地面的弹性与张力，保证使用者的运动安全；

（6）相对垂直变形率：测试运动木地板的水平方向变形率，测试地板结构的张力，地板测试点距离 500mm 处的地板变形率≤15%。

3. 原料选择

双认证进口运动木地板即同时通过国际篮联（FIBA）认证与国际羽联（BWF）认证的标准场馆设施，适用于 NBA、CBA 以及排球、体操赛事的需求，运动木地板对原料的选取十分苛刻，主要材料如下：

（1）运动木地板油漆

运动木地板现场打磨上漆选用唯一通过 FIFA 认证的进口 Bona 运动地板专用漆，符合 MFMA 和 DIN 标准的摩擦系数，该漆具有安全环保、耐磨度高、美观大方、经济时尚且与场地划线漆配合度佳等众多优点，该漆为国内所使用的唯一得到欧洲体育地板防滑认证的水性地板漆。

（2）枫木面板

硬枫木材质密度大、强度高，而且色泽柔和、色差较小、木纹一致，同时枫木地板具有很好的吸震效果，硬度适中，运动员踩到上面脚感好，被视为制造专业体育木地板的不二选择。本工程枫木面板全部进口，地板厚度 20mm，北纬 38°附近北美地区出产的枫木，由于生长期更短、冬季更长，所以木理细密、不易碎裂，在摩擦作用下反倒更加光亮平滑，对冲击力的承受能力也极强，因而经久耐磨，而且和各类油漆的作用效果都很好。普通国产运动木地板色泽没有进口地板亮丽，纹理没有进口地板自然，密度没有进口地板大，但价格相对低廉。

（3）副板与龙骨

副板采用胶合板（多层板），为三层或多层的板状材料，通常都为奇数层单板，中间涂胶粘剂各层互相垂直胶合而成，如图 20-3 所示。具有强度高、稳定性高、抗弯强度高、握钉力强、防腐防虫效果好等特点。

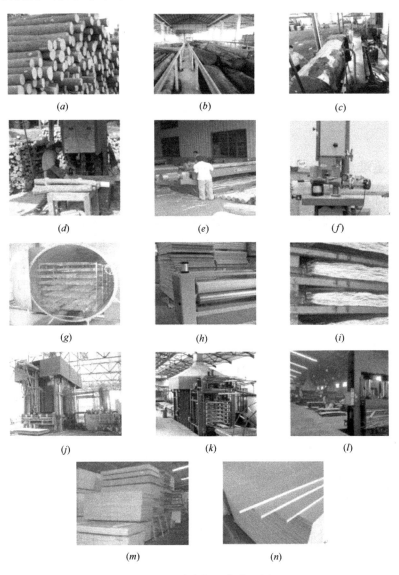

图 20-3 胶合板生产流程图

（a）原木；（b）蒸煮；（c）去皮；（d）锯断；（e）旋切；（f）裁切；（g）干燥；（h）涂胶；

（i）预压定型；（j）热压；（k）锯边；（l）砂光；（m）质检；（n）成品

龙骨采用优质实木松木龙骨，天然环保、易于造型，与其他木制品连接效果好，同时相比较传统高温、表面刷防腐漆的处理方法，该龙骨经过加压深层处理，高压喷射 ACQ（烷基铜氨化合物），使木细胞生长完全停止，达到更好的防腐效果。

（4）专利弹性橡胶垫

该双认证进口运动木地板采用 Resi-Pads™ 橡胶垫，为设计专利产品，如图 20-4 所示。其采用 TRP 材质制作而成，弹性比普通方形胶垫高 35%，化学性能稳定，最主要的是其半衰期长达 40 年之久，大大地增加了木地板的使用寿命。

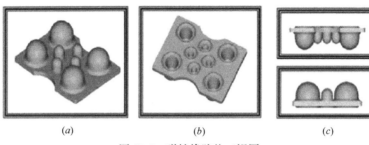

（a）　　　　　　　　　　（b）　　　　　　　　　　（c）

图 20-4　弹性橡胶垫三视图

（a）底视图；（b）顶视图；（c）侧视图

4. 技术重难点分析

（1）运动木地板的平整性

木地板很容易出现的一个问题就是地板起鼓，其主要是由于地板受潮膨胀而出现起鼓，这就要求铺装前基础保持干燥，为保证木地板不起鼓，在铺装时要确保下列措施：

1）混凝土基层平整度控制难度大。现场混凝土施工时，每隔 6m 设置控制标高的钢筋，同时使用水准仪进行现场的抄平。在浇筑混凝土时，严格控制混凝土的标高防止发生超高现象，混凝土终凝前采用磨光提浆一次压光成型技术，木地板施工前对基层再次进行找平确保平整度符合要求；

2）地板铺装时，要保证现场施工基础的干燥、整洁，应不大于当地平衡湿度、含水率；

3）水管管道、空调管道等有水源处要做好防水处理，避免漏水；

4）地板安装过程中要在适当的位置留有伸缩缝，防止材料因为自身伸缩导致起鼓现象从而影响整体平整性。

（2）运动木地板防腐

双认证进口运动木地板采用全进口 Bona 运动地板专用漆，经电子喷涂均匀稳定地附着于地板上，可以杜绝地板的起泡以及被腐蚀的现象。

（3）运动木地板的减震

作为高标准体育场馆的核心部分，运动木地板的减震性能十分重要，该木地板除了常规的龙骨框架起到一定的减震作用，更是采用了拥有国际专利的弹性胶垫，为运动木地板提供了长期稳定的弹性性能。

（4）运动木地板的吸声与通风

为保证地板结构的整体吸声效果，在副板与面层地板之间增加一层无纺布，同时场地四周安装配套透气踢脚线，使地板整体通风良好。

（5）防止运动木地板变形

根据实际试验与施工经验，运动木地板施工应设置伸缩缝，安装时严格控制含水率与湿度，面层地板之间留有 1～2mm 间隙，龙骨之间留有 5～7mm 间隙，同时地板与墙体、柱体之间也应留有一定伸缩缝隙，如图 20-5 所示。

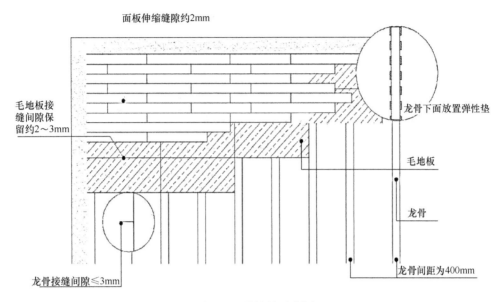

图 20-5　伸缩缝示意图

（6）运动木地板重点部位加固

因体育场难免会有大型体育器材的进入，如篮球架、活动座椅等，为避免对木地板造成损伤，需对木地板做以下加固处理：

1）对于日后放置篮球架的部位做龙骨加密处理，并且对篮球架的入场路线提前进行规划，也做龙骨加密，防止损伤木地板。移动时，器械下方放置隔离层，防止与地板直接接触，防止对木地板表面造成损伤；

2）在有活动座椅的部位设置龙骨加密，并且在活动座椅与木地板接触的区域设置隔离层，以防对木地板造成划痕，影响美观。

5. 实施技术

（1）施工工艺流程

场地找平、放线→摆放龙骨、弹性垫、找平垫块→调平→固定胶垫→铺设副板→满铺无纺布→铺设面板→打磨上漆→安装踢脚线、清理验收。如图 20-6 所示。

（2）施工条件

1）地板到场前场馆外檐需封闭，机械、砖石等施工已结束；

2）混凝土地面防潮处理完毕，且已经养护完毕，完全干燥；

3）安装开始前，场馆内部照明、空调、用电设备均已安装到位，室内温度可以控制在 13～26℃之间，湿度控制到 35％～50％范围内；

4）安装开始前，场地需平整、干燥、整洁，2m 范围内误差不超过 4mm。

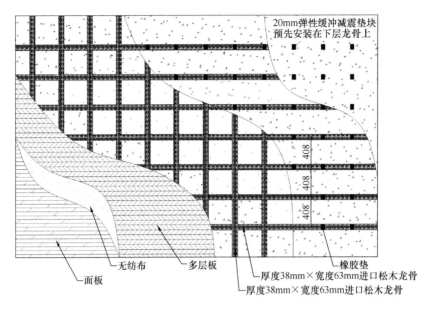

图 20-6　木地板铺装示意图

（3）地面铺装工艺

1）场地找平、放线

① 地面清理、找平；

② 顺着场地的长边方向将龙骨的位置线用墨斗弹至地面，如图 20-7 所示。

图 20-7　地面弹线

2）安装龙骨、副板、面板

① 用木垫块再一次进行找平，通过木垫块厚度的微调控制龙骨的平整度；

② 弹性垫安装：19mm 厚的弹性垫安装于龙骨下方，如图 20-8 所示；

③ 龙骨安装：上层龙骨沿场馆长边开始铺设，龙骨间留有 5～7mm 的间隙；在靠近墙边处保留 30mm 的空隙，表面保持平直；龙骨间距为 408mm，特殊部位进行加密处理，龙骨间距加密为 204mm。如图 20-9 和图 20-10 所示。

④ 副板安装：副板接头与龙骨接头交错安装，用 U 型钉固定于龙骨上，副板接头处

图 20-8　弹性垫块安装

图 20-9　龙骨安装

图 20-10　木地板龙骨加密区布置

保留 3mm 空隙，且与墙面保留 40mm 空隙，精确到 1mm，相邻副板组（块）间≤1220mm 时，端接缝处应相互错开，错开的距离≥400mm；

⑤ 无纺布铺装：满铺，接头处重叠 10mm；

⑥ 面板安装：使用空压射钉枪将面板固定到副板上，相邻板的接缝处应相互错开，距离不小于 100mm，钉子之间间距为 12 英寸，面板与墙面的间距应不大于 20mm，此处使用专利钢钉将面板与龙骨固定在一起，确保面板与龙骨方向垂直。每隔 1m 布置一道伸缩缝，缝宽约 2mm。如图 20-11 所示。

图 20-11　面板安装

3）打磨和上漆

① 先分别使用粗、中、细三种砂纸分别打磨面层，使面板表面整洁、光滑；

② 使用专用吸尘器打扫表面木屑，确保表面干净整洁；

③ 涂一层密封保护漆，待漆完全干燥以后，使用 100♯纱网抛光，并清洁场地；

④ 上底漆，等底漆完全干燥以后，使用 120♯纱网进行抛光；

⑤ 上面漆，等面漆完全干燥以后，使用 120♯或者 180♯纱网进行最后抛光。

打磨上漆环节应注意两点：一是保证现场门窗关闭，室内没有扬尘；二是照明要满足要求，最好可以使用场地照明，为确保油漆施工具备良好的基础条件。如图 20-12 和图 20-13 所示。

图 20-12　打磨

图 20-13　上漆

4）踢脚线的安装、场地划线、清洁验收（图 20-14）

图 20-14　场地划线

6. 施工特色、创新措施

（1）铺装工具 90％电气化

本次双认证进口木地板的铺装所采用的工具 90％以上的设备均为先进进口工具，如找平阶段采用国际领先的激光自动找平仪器，以确保地板的平整，仪器精度达到 0.1mm。先进设备的使用，最大限度地降低了人为误差的产生，基本消除了影响工程质量的不确定因素。如图 20-15 所示。

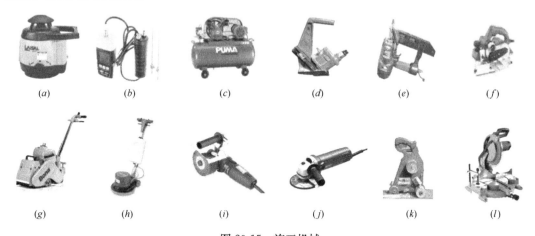

图 20-15　施工机械

（a）自动激光找平仪；（b）湿度测试仪；（c）空压机；（d）空压钢钉枪；（e）空压曲钉枪；（f）压刨；（g）地板打磨机；（h）地板抛光机；（i）手动抛光机；（j）手机小磨机；（k）专用画线器；（l）切割机

（2）悬浮式铺装工艺

悬浮式铺装工艺为当前世界上专业运动地板的主流铺装工艺，其龙骨与地面是不固定的，从最下部的胶垫到面板为一个整体，从而解决了传统木地板安装工艺的局部强制变形问题。

（3）全新防潮措施

众所周知，实木地板非常容易受潮，针对这个问题，采用全新材料生产的防潮薄膜，它的厚度和韧性均受到良好的控制，不仅起到了防潮、隔潮、增加弹性、隔离保护地板的作用，并且还具有抗酸碱的性能。既能保证地板的通风顺畅，同时更大大地减少了地板的吸湿变形。

图 20-16　现场上漆施工图

（4）现场打磨上漆

传统运动木地板面板均采用烤漆板，此面板的特点是安装方便、用时短，但是铺设后有缝隙、整体性不强。本次双认证悬浮式运动木地板采用现场打磨上漆的方式，面板素板可以依据表面平整度的要求进行微调，使得表面平整度优异，同时现场上漆可以将缝隙全部密封，整体感极强，漆面为电视转播提供了良好的视觉效果。如图 20-16 和图 20-17 所示。

运动木地板烤漆板

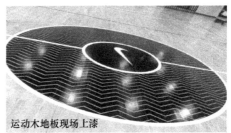

运动木地板现场上漆

图 20-17　烤漆板与现场上漆对比

（5）气动钉枪专用倒刺钢钉

传统木地板所用钢钉有两个弱点：一是易生锈、材质脆，易断裂在木材里面，无法修补与木材之间的握牢度，从而导致地板松动变形；二是握钉力差，木地板使用过程中会发出吱吱的响声。本次施工采用运动地板专利钢钉，其锯齿为倒刺，可以增加与木材的握钉力，同时深入龙骨、减少地板变形，长期使用也不会发出吱吱的响声。如图 20-18 所示。

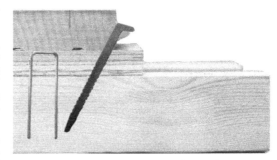

图 20-18　气动钉枪专用倒刺钢钉

7. 技术评价

天津体育学院新校区体育馆双认证悬浮式进口运动木地板的施工整体进行顺利，施工完成后观感良好，上漆质量优异，冲击力吸收 54%，滚动负载测试当载荷为 1500N 时无明显划痕和损伤，球反弹力、摩擦系数垂直变形、相对垂直变形率均满足要求，完全符合全运会比赛场馆要求，受到了业主方、代建方与监理方的一致好评。完工实景如图 20-19 所示。

图 20-19　完工实景图

第二十一章 室外丙烯酸网球场地施工技术

随着经济的持续快速发展，丙烯酸网球场地升级越来越快。目前网球场面层的主要做法有草地、红土地、丙烯酸场地（硬地丙烯酸/弹性丙烯酸）等。丙烯酸涂料的主要优点：极具竞争力的性价比；色彩选择度大、耐磨性强、无毒、环保、耐紫外线照射、维护保养便利、使用寿命长。

本章通过介绍丙烯酸网球场施工全过程，总结当前先进的施工技术，丰富体育场地面层施工技术。天津体育学院新校区网球场室外场地 16 片，室内场地 8 片，主要是为了学校教学训练使用如图 21-1 所示。

图 21-1　丙烯酸网球场地

1. 技术要点

（1）场地施工构造质量分析

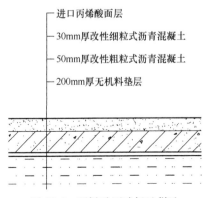

- 进口丙烯酸面层
- 30mm 厚改性细粒式沥青混凝土
- 50mm 厚改性粗粒式沥青混凝土
- 200mm 厚无机料垫层

图 21-2　丙烯酸网球场地做法

场地面层施工是运动场地施工的精髓，要采取有效措施，优化设计，有针对性的选购建造材料，采取确实有效的施工工艺，确保工程质量。对于场地面层来说，回填土地基不实，容易导致塌陷，影响上部构造；基础的无机料板结层主要起到固结作用，保证上层体积稳定性，避免局部受力断裂；沥青防水层有助于防止水分随温度升高引起的气体上升，形成的动力源是塑胶面层断裂、起鼓的主要原因；塑胶面层断裂、起鼓不仅影响使用，而且是施工最直观的质量问题。如图 21-2 所示。

（2）地基回填处理分析

基层的稳定性及密实度的好坏决定整个运动场的好坏。首先对整个施工现场进行放样和高程测量工作，以排水沟顶面标高为场地的±0.00，各运动场的位置则以各运动场的拐角边 1m 处设纵横向定位点，将钢钎埋于地下 15～20cm 左右，再用混凝土包裹起来，妥善保护；运动场地（基础底标高）的高程达到所须标高，用机械去除运动场的表层土，再用震动压路机碾压密实，压实度≥95％。

原状土场地施工完成后，在素土层上部分层回填 300mm 厚灰土（灰含量12％），回填施工前场地清理完成，场地周圈排水沟施工需完成，以排水沟内壁为回填边界。

（3）无机料垫层板结作用

板结层采用厂拌级配碎石，厚度为 200mm。回填机械采用自卸汽车运料，料斗上用篷布覆盖，以减少混合料含水量的丧失。运料车在摊铺作业面以外调头，倒退驶入摊铺现场，避免破坏下承层，保证连续摊铺。

回填摊铺级配碎石时应分层回填，回填摊铺前下承层表面应适量洒水，保持湿润。现场技术人员立即检测摊铺面的标高及横坡，合格后再继续摊铺。回填摊铺过程中应对每层级配碎石进行夯实，每层至少夯实三遍。

采取碾压回填时，应注意保护排水沟内壁不受破坏。回填时发现的有机质杂质及泥块应随时清除，大体积填料应先敲碎后，再填筑。

（4）沥青摊铺碾压

沥青混合料使用自动找平摊铺机进行全宽度摊铺和刮平。摊铺机自动找平时，摊铺层的高程靠金属边桩挂钢丝所形成的参考线控制，横坡靠横坡控制器来控制，精度在±0.1％范围。摊铺时，必须缓慢、均匀、连续不间断地摊铺沥青混合料。

当沥青混合料表面被修整后，立即对其进行全面均匀的压实。首先，初压应在摊铺后较高温度下进行，沥青混合料不应低于 120℃，不得产生推移、发裂；然后，复压要紧接在初压后进行，沥青混合料不得低于 90℃，复压用的轮胎压路机（轮宽 2.79m）和 10～12t 三轮压路机配合使用，复压 4～6 遍至稳定无显著轮迹为准；最后，终压要紧接在复压后进行，沥青混合料不得低于 70℃，采用轮胎压路机碾压 2～4 遍至无轮迹。碾压从外侧开始并在纵向平行于道路中线进行，双轮压路机每次重叠 30cm，三轮每次重叠为后轮宽的一半，逐步向内侧碾压，用梯队法或接着先铺好的车道摊铺时，应先压纵缝，然后进行常规碾压，在有超高的弯道上，碾压应采用纵向行程平行于中线重叠的办法，由低边向高边进行。碾压时压路机应匀速行驶，不得在新铺混合料上或未碾压成型、未冷却的路段上停留、转弯或急刹车。

沥青混合料的摊铺应尽量连续作业，压路机不得驶过新铺混合料的无保护端部，横缝应在前一次行程端部切成，以暴露出铺层的全部。接铺新混合料时，应先在上次行程的末端涂刷适量粘层沥青，然后紧贴着先前压好的材料加铺混合料，并注意调节整平板的高度，为碾压留出充分的预留量。相邻两幅及上下层的横向接缝均应错位 1m 以上。横缝的碾压采用横向碾压后再进行常规碾压。

（5）室外丙烯酸网球场地施工技术

专业丙烯酸网球场地做法断层如图 21-3 所示。

1）找平层

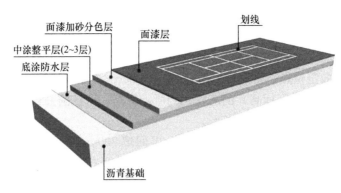

图 21-3　断层示意图

用网球场专用沥青按标准配合比加石英砂、水、水泥补平。

① 按标准配比，先将沥青底料加水搅匀后加入水泥搅拌，最后加入石英砂搅匀。待材料搅匀后，进行刮涂使地面达到网球场的平整度要求。用 3m 铝合金靠尺测量，高差不超过 3mm。

② 将材料补于地面，每次补平厚度不可过厚（不超过 5mm）。

③ 修补处完全干燥后，用 40 目粗砂轮手工打磨修补边缘，消除痕迹，以令地面平整。通常先全场刮涂一层沥青底料后再试水补平，施工较快，不局限于补平的次数，待平整度达到规范要求、无积水即可。

2）底涂防水层

用网球场专用沥青按标准配合比加石英砂、水、水泥进行补平。

① 按标准配比，先将沥青底料加水搅匀后加入水泥搅拌，最后加入石英砂搅匀。待材料搅匀后进行刮涂使地面均匀致密，填补沥青基础表面的孔隙。

② 刮涂用专用胶耙，平行均匀刮涂，每次刮涂厚度不可过厚。

③ 最后一层完全干燥后（约需 24h），用 40 目粗砂轮手工打磨修补边缘，消除痕迹，以令地面平整。底涂及加强二层有助于提高面层强度和防水效果，并减少丙烯酸涂料用量。

3）中涂整平层

用丙烯酸强化填充剂加水、石英砂搅拌均匀后全场刮涂一遍。

① 按标准配比，将丙烯酸强化填充剂加水搅匀后加入石英砂搅拌。待材料搅匀后进行刮涂。

② 刮涂用专用胶耙，平行刮涂，每次刮涂厚度不可过厚，不得留下刮痕。

③ 最后一层完全干燥后（约需 24h），用 40 目粗砂轮手工打磨修补边缘，消除痕迹，以令地面平整。丙烯酸强化填充剂是一种浓缩的丙烯酸乳黏合剂。在底层之上再提供一层均质、浓密的垫层，提高整个球场面的品质。加强色涂与底层的结合，防止起泡、脱皮。这是面层中基层的最后一层，但凡沥青基础中任何质量感观上的缺陷都应在此层以下进行处理。

4）面漆加砂分色层

用丙烯酸色料浓缩物按标准配合比加入水、石英砂搅匀后全场刮涂一层。

① 刮涂前准备：先按设计及相关规范要求把颜色分界线标出来，用胶纸粘贴，粘贴时压牢，在划分颜色分界线时要准确，在划线施工后四周的白色线正好与此分界线重合，使球场整体无接头、无色差。

② 刮涂准备好后，准备搅拌色料，一般先做球场区（不影响熟料的运输及辅助区施工。球场中色料多为绿色，辅助区为红色，设计另要求除外），将色料按标准配合比加入水搅拌均匀后再加入石英砂搅拌，待充分搅拌均匀后开始刮涂。

③ 刮涂用专用胶耙，刮涂时应平行、均匀的刮涂。特别是刮至边缘处一定要小心，最好专人负责收边，以免造成堆积、流淌至另一颜色区域。加入石英砂后的混合色料使面层有均匀一致的纹理效果，石英砂能增加分色层耐磨功能及调节球速，使球场符合网球场使用标准。分色层刮涂完后应最少养护24h后再进行下一层施工。

5）面漆层

用丙烯酸色料浓缩物按标准配合比加入水搅匀后全场刮涂一层。

① 在刮涂准备好后，准备搅拌色料，一般先做球场区（不影响熟料的运输及辅助区施工。球场中色料多为绿色，辅助区为红色，设计另要求除外），将色料按标准配合比加入水搅拌均匀，待充分搅拌均匀后开始刮涂。

② 刮涂用专用胶耙，刮涂时应平行、均匀的刮涂。特别是刮至边缘处一定要小心，最好专人负责收边，以免造成堆积、流淌至另一颜色区域。丙烯酸色料终饰层不仅使场地彩鲜悦目、美观耐久，并且对气候和紫外线辐射具有很强的抵抗力，至少养护24h才能干透、使用。

6）划线

用网球场专用丙烯酸白线漆画标准界线两遍。

① 划线前准备：

按设计及网球场划线相关规范要求，测量弹线；用胶纸按线紧贴在地面上（一定要压紧两边，否则白线产生毛边，影响美观）；用纱布（砂纸）手工将颜色分界线处进行细部打磨（打磨只能在白线范围内）。

② 准备完后，直接刷一层白色划线漆。在涂刷时应均匀，不可流淌（要注意不要将划线漆倒在场地上）。

③ 在一层涂刷完后即可进行二层涂刷（主要增加线的光鲜度）。二层涂刷完后将胶纸清除即可。如白线漆浓度太大，不能涂刷均匀时，可加入少量的水进行稀释。丙烯酸面层铺设完毕后进行场地平整度、面层厚度、外观效果进行检测与报验。

2. 效果检查

本次施工通过回填碾压控制、构造层平整度控制、面层施工控制，有效控制室内外丙烯酸面层质量，丰富了天津体育学院新校区项目体育工艺内容，培养了技术过硬的施工团队。

第二十二章　体育场馆专业室内运动地胶施工技术

随着运动竞技的不断发展，各类材质的运动场地也层出不穷，PVC运动地胶便是一种新型的运动地板。PVC运动地胶由聚氯乙烯及其共聚树脂为主要原料经过各种步骤的施工而成，具有耐磨、耐老化、弹性高、噪声少等优点，且由于价格实惠得到广泛应用，同时PVC运动地胶也可以做成牛皮纹、宝石纹、枫木纹、布纹、橡木纹、荔枝纹、蛇皮纹、小石纹等纹路样式，丰富了地板的色彩类型，达到美观实用的目的，同时其没有水泥基地面的冷、硬、潮、脏等缺陷，近年来在各种不同建筑中得到了广泛应用。

1. 运动地胶的应用

运动地胶在体育馆运动员专业训练厅中应用较为普遍，厚度选用4mm为宜，主要用于运动员平时的体能训练与运动康复，考虑到防止运动员在恢复过程中二次受伤，训练厅采用质地柔软、具有弹性的PVC卷材地板，其铺贴在地面给人很舒适的脚感。同时PVC卷材地板具有塑料的防水、耐水性，还具有一定的阻燃效果，能够离火即灭，使用更为安全。PVC运动地胶构造如图22-1所示。

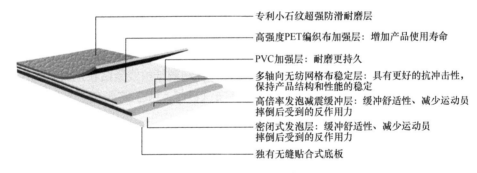

专利小石纹超强防滑耐磨层

高强度PET编织布加强层：增加产品使用寿命

PVC加强层：耐磨更持久

多轴向无纺网格布稳定层：具有更好的抗冲击性，保持产品结构和性能的稳定

高倍率发泡减震缓冲层：缓冲舒适性、减少运动员摔倒后受到的反作用力

密闭式发泡层：缓冲舒适性、减少运动员摔倒后受到的反作用力

独有无缝贴合式底板

图 22-1　PVC运动地胶构造

2. 技术原理与工艺流程

（1）技术原理

PVC地胶地板使用聚氯乙烯树脂制成的板材和卷材以胶粘剂铺设在经过打磨、平整处理的自流平表面。卷材的接缝处使用专用开槽工具及焊接工具处理，使其达到无缝隙的效果，卷材铺设完后用保护剂处理地板表面以延长地板的使用寿命。

（2）工艺流程

楼地面基层处理、清洁→涂刷界面处理剂→施工自流平→自流平表面打磨、清洁→PVC地胶放样→涂刷专用黏结剂→粘贴PVC地胶→排气、压实→收边处理、养护→开槽焊线→修平焊线→清理残渣、表面打蜡。安装必备工具如图22-2所示。

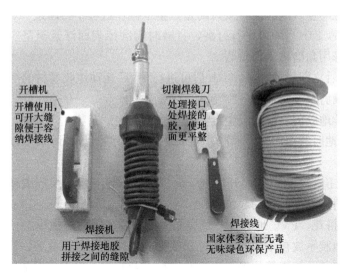

图 22-2　安装必备工具

3. 技术要点

（1）地坪检测

1）使用温度湿度计检测温湿度，室内温度以及地表温度以 15℃ 为宜，不应在 5℃ 以下及 30℃ 以上施工。宜于施工的相对空气湿度应介于 20%～75% 之间。

2）使用含水率测试仪检测基层的含水率，基层的含水率应小于 3%。

3）基层混凝土强度不应低于 C20 要求，否则应采用自流平加强处理。

4）用硬度测试仪检测结果应是基层表面硬度不低于 1.2MPa。

5）对于 PVC 地胶材料的施工，基层的平整度应在 2m 范围内，高低差小于 2mm，否则应采用自流平进行找平。

（2）基层处理技术

1）水泥砂浆（1：2.5）找平层表面应坚硬、干燥、密实、洁净、无油脂、无杂质，平整度用 2m 靠尺检查不得大于 2mm，不得有麻面、起砂、裂缝等缺陷，基层含水率不得大于 6%。

2）对局部面积很小的凹坑或凸起，在施工前先用原子灰填平凹坑或用打磨机磨平凸起处，最后用吸尘器彻底清洁干净。

3）涂刷水性界面剂，使界面剂均匀涂于基层上，涂刷应均匀，不得有露底，待整个表面泛出均匀的光泽为准。干燥时间为 3h 左右（以手触不粘为准），界面剂不得过夜或干燥成白色。

（3）自流平施工

1）将自流平水泥按水灰重量比 6.25：25 的比例倒入盛有清水的搅拌桶中，边倒边搅拌，使用大功率低转速搅拌器搅拌至均匀、无结块。然后静置 2～3min 使其充分熟化，最后再搅拌 1min 即可使用。

2）将搅拌好的自流平水泥均匀地倒入施工区域，用锯齿形刮板布展均匀至要求的厚度（3mm）。涂抹后尽快用专用的自流平放气滚筒在自流平表面轻轻滚动，将搅拌中混入的空气排出，避免产生气泡麻面及接口高差，整个操作过程不得超过 30min。

3）自流平干燥 24h 后即可进行打磨，打磨时需磨掉表面浮浆至坚实层，墙角边缘用手砂纸打磨，切忌用角磨机进行打磨。

4）施工完毕后立即封锁现场，24h 后可进行 PVC 运动地胶卷材的铺设。

（4）弹线、裁剪及预铺

1）粘贴 PVC 地胶前，应用吸尘器将基层表面灰尘、杂物清理干净，严禁遗留颗粒状硬物，并将 PVC 地胶背面用棉纱擦净。施工现场的温度必须达到 15℃ 以上，并保证至少24h 恒温。

2）PVC 地胶预铺下料前应展开静置 24h 以上，保证与地面及周围环境温度相同，使其记忆性还原以消除卷曲导致的起伏。

3）根据图案拼花、PVC 地胶尺寸及房间大小，弹出铺贴控制线。

4）将 PVC 地胶平放在干净的房间里，根据确定的尺寸进行裁剪，注意裁剪过程中要留有余地，遇到墙角、管道等位置，应先在卷材上画好线，再用剪刀裁口。

（5）刮胶、铺贴

1）将卷材的一端掀起，用锯齿刮板或刮刀将胶水均匀刮到自流平上，刮胶厚度应≤1.0mm，基层表面涂刮部分应超出地胶边缘 10mm 左右，待 5～10min 胶产生黏性后将掀起的 PVC 卷材用软木块推行，使地胶与胶水充分接触，同样方法进行另一头地胶卷材的黏结。待整块地胶施工完毕，再用 50kg 钢压辊均匀滚压地板 3 遍，注意滚压时先横向后纵向，使卷材与基层粘贴密实（整个胶粘剂的作业时间必须在 20min 左右完成）。

2）铺贴第二张卷材时，要注意卷材背面箭头所示方向与前一张卷材一致。相邻卷材铺贴应搭接 30mm，用导轨裁边器画线并切割。卷材间的接缝宽度不得超过 3mm，且均匀一致。

3）踢脚线施工工艺与地板相同，要求侧面平整、拼接严密，阴阳角可做成直角或圆角。为防止卷材脱落，踢脚线基层不得采用刮腻子、石膏等吸水率大的材料。

（6）开槽、焊缝

1）地板的开槽工作待整间地板铺设完后 24h 进行。如图 22-3 所示。

2）用开槽器在地板的接缝处开出“U”形焊槽，开槽宽度不得大于 3.5mm，深度至卷材厚度的 2/3 处。

3）接缝焊接前，先将专用热风焊枪接通电源，焊枪出口处气流温度调至 30～40℃，用热风焊枪将板缝内杂物吹净。

4）由专人一手控制焊条，另一手持专用热风焊枪，焊枪出口气流温度控制在 180～250℃，焊速应均匀，保持在 20～30cm/s。如图 22-4 所示。

5）焊缝凹陷处不得低于地板表面 0.5mm，对脱焊部分应进行补焊，焊缝凸起部分用焊条修平器修平。

（7）PVC 地胶保养

1）地胶施工完后应进行打蜡保护，在打蜡之前需要用拧干的墩布，将表面的污物去掉，晾干后再打蜡。

2）将适量的石蜡水洒在地板上，用打蜡机毛刷横向均匀打磨，直至灯下无光环为宜。打蜡机不得前后推拉，以免打花。

图 22-3　地板开槽　　　　　　　　　　　图 22-4　地板焊缝

3) 打蜡要分 2~3 遍完成，不要一次打的过多。第一遍施工完后，2h 内地板上不得上人，待其晾干后再进行第二遍施工。

4. 施工质量控制

（1）施工过程控制

1）自流平施工时基层的含水率不超过 3%。

2）自流平水泥搅拌时应严格按比例进行，搅拌结束后应在 40min 内用完，自流平表面平整度应≤3mm。

3）自流平施工时施工人员要穿钉鞋进入，施工完 24h 后方可进行 PVC 地胶卷材的铺设。

4）板块焊接时，焊缝应平整、光洁，无焦化变色、斑点、焊瘤和起鳞等缺陷，其凹凸允许偏差为±0.6mm。地胶面层与下一层的黏结应牢固、不翘边、不脱胶、无溢胶。

5）镶边所用卷材应尺寸准确、边角整齐、拼缝严密、接缝顺直。

（2）验收标准与方式（表 22-1）

验收质量标准　　　　　　　　　　　　　　　　　表 22-1

项次	项目	允许偏差（mm）	检验方法
1	表面平整度	2.0	用 2m 靠尺和楔形塞尺检查
2	缝格平直	3.0	拉 5m 线和用钢尺检查
3	接缝高低差	0.5	用钢尺和楔形塞尺检查
4	踢脚线上口平直	2.0	拉 5m 线和用钢尺检查

第二十三章 球类场地天然草、人造草施工技术

伴随着我国体育事业常态化发展，体育场地很受国家重视，特别是体育高校作为体育事业的发展源泉，天津体育学院新校区的建设推动了体育事业的发展，其主要功能为体育教学、专业训练及比赛使用。

校区中室外场地由天然草田径场地、天然草橄榄球场地、人造草足球场地、人造草棒球场地组成，如图 23-1～图 23-3 所示。田径场是 2017 年第十三届全国运动会的足球比赛场馆，室外场地主要由天然草和人造草组成。

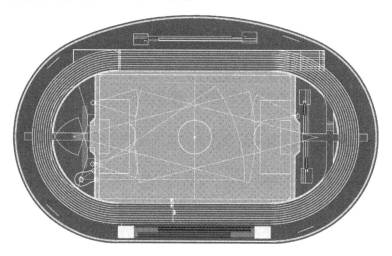

图 23-1 天然草足球场地

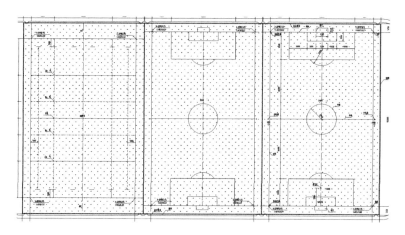

图 23-2 天然草橄榄球场地和人造草足球场地

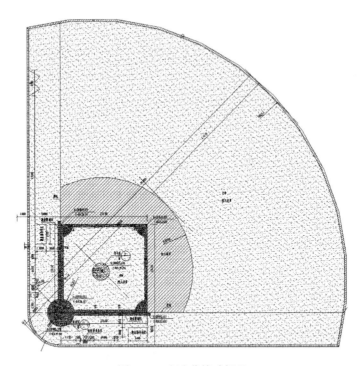

图 23-3　人造草棒球场地

1. 天然草与人造草介绍

（1）天然草简介

天然草场地包含足球场和橄榄球场，其中足球场作为 2017 年全运会比赛场地，对于场地的好坏，其中天然草的组成和种植沙的组成成分至关重要。如图 23-4 和图 23-5 所示。

图 23-4　天然草样品图

（2）人造草简介

人造草是将模仿草叶形状的合成纤维，植入到机织的基布里，背面涂上起固定作用的胶水，具有天然草运动性能的化工制品。人造草坪的原料主要以聚乙烯（PE）、聚丙烯

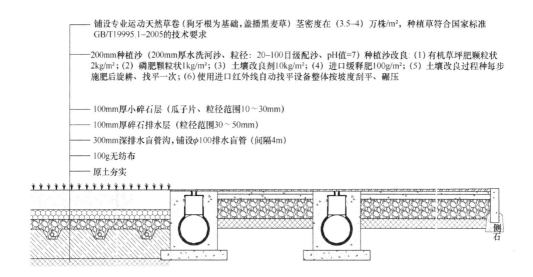

铺设专业运动天然草卷(狗牙根为基础,盖播黑麦草)茎密度在(3.5–4)万株/m²,种植草符合国家标准GB/T19995.1–2005的技术要求

200mm种植沙(200mm厚水洗河沙、粒径: 20–100目级配沙、pH值=7)种植沙改良:(1)有机草坪肥颗粒状2kg/m²;(2)磷肥颗粒状1kg/m²;(3)土壤改良剂10kg/m²;(4)进口缓释肥100g/m²;(5)土壤改良过程种每步施肥后旋耕、找平一次;(6)使用进口红外线自动找平设备整体按坡度刮平、碾压

100mm厚小碎石层(瓜子片、粒径范围10～30mm)

100mm厚碎石排水层(粒径范围30～50mm)

300mm深排水盲管沟,铺设φ100排水盲管(间隔4m)

100g无纺布

原土夯实

侧石

图 23-5　天然草构造详图

（PP）和尼龙（PA）等材料为主，也可用聚氯乙烯和聚酰胺等。片叶上着以仿天然草的绿色，并需添加紫外线吸收剂。人造草大多数采用的是进口赛尔隆聚乙烯（PE）草丝：手感更为柔软，外观和运动性能更接近天然草，被用户广泛接受。该草是目前市场上使用最广泛的人造草纤维原材料，如图 23-6 和图 23-7 所示。

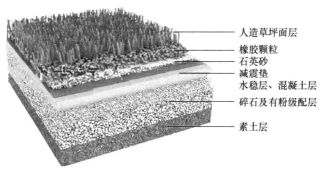

人造草坪面层
橡胶颗粒
石英砂
减震垫
水稳层、混凝土层
碎石及有粉级配层
素土层

图 23-6　人造草图

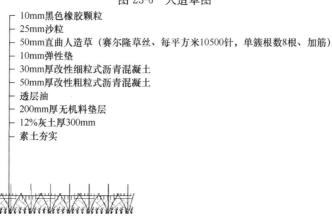

10mm黑色橡胶颗粒
25mm沙粒
50mm直曲人造草(赛尔隆草丝、每平方米10500针、单簇根数8根、加筋)
10mm弹性垫
30mm厚改性细粒式沥青混凝土
50mm厚改性粗粒式沥青混凝土
透层油
200mm厚无机料垫层
12%灰土厚300mm
素土夯实

图 23-7　人造草构造详图

2. 天然草施工技术

（1）测量技术

1）确定主轴线：进场后首先对施工定位图进行复核，以确保设计图纸的正确。其次，对现场的坐标点和水准点进行交接验收，发现误差过大时应与及时纠正，经确认后方可正式定位。

2）坐标点的保护：用全站仪将基准点测设在邻近建筑物上，经反复校对无误后，采用红色油漆的两个直角等腰三角形标示。

3）高程的引测：根据已知的高程点（绝对标高）和确定的相对标高，分别在周围大角和四面的安全地带，设置高程控制点。

（2）平整场地（场地已完成灰土基层施工）

1）根据设计要求 0.5％的坡度，按每 5m 间隔，设置检查点逐点测量，确保基层坡度符合设计要求。

2）对不合格区域进行整修。

（3）喷灌系统施工

1）预制加工（PE 管道热熔方法）

根据图纸管线的走向进行断管下料，断口要平齐，用铣刀或刮刀切掉断口内外飞刺，外棱铣出 15°。黏结前应对承插口做插入试验，但不能全部插入，一般为承口深度的 3/4。试插合格后，用棉布将承插口部位的水分、灰尘擦拭干净，进行黏结，多口粘连时应注意预留口方向。

2）管道安装

管道安装时需注意管道的坡度，在干管上应安装放水装置，以便于冲洗管道以及冬季防冻。

3）管道试压

打入压力，稳压 1h，检查管材外部有无泄漏部位。试验合格后冲洗管道，待进水颜色与清洗水的颜色一致时停止冲洗。

4）设备安装

喷头与支管的连接采用铰接接头（也称秋千架），以使喷头达到设计高度。该连接可以有效防止由机械冲击（如剪草机作业或比赛）而引起的管道和喷头损坏。同时采用铰接接头还便于施工时调整喷头的安装高度。

电磁阀通过电缆与控制器相连。电磁阀的控制线采用优质的电线通至控制器，将电磁阀、阀门等置于阀箱内，线管回填时用平板夯振平。

5）调整

根据喷头的平面布置，调整喷头的喷洒角度，至整个场地没有死角和盲区为止。

6）管沟人工回填夯实，施工中要避免损坏水管及其他配件。

（4）沥水、排盐层施工

沥水排盐是盐碱类地域天然草球场设计施工最重要的环节，这关系到将来植物的成活、生长状况等，是搞好盐碱地种植的关键所在。排盐工程包括铺设沥水盲管和沥水石料层两项工序。在土方工程的基础上，先进行槽底的平整，并按照图纸要求放线，定出沥水管沟的位置，槽底泛水坡向盲管沟。沟槽均满足设计要求后进行淋层盲管的铺设。

1）沥水盲沟开挖（图23-8）

采用机械开挖，开挖过程中应注意沟槽的坡度、断面尺寸、深度，以便排水的顺畅。沿足球场地每隔4m放样，间距误差不超过5cm。开挖排水盲沟，宽度为20cm、深度为30cm。沟槽挖好后，必须对土沟进行检测。检测内容包括：沟槽断面尺寸、沟底纵坡。

图23-8　盲沟开挖施工

2）土工布的铺设（图23-9）

土工布铺设的搭接长度30cm。敷设时采取适当的固定措施，防止碎石充填时移动土工布。土工布施工完毕，要加强成品保护。

图23-9　土工布铺设施工

3）盲管铺设、石屑层填充（图23-10）

在排水盲沟底铺设碎石，然后铺设直径为10cm的排水盲管，盲管始、末端插入收水管并入排水沟沉沙井。填充碎石，粒径范围在10～30mm。

图23-10　盲管铺设、石屑层填充

（5）碎石排水层及种植沙层施工（图 23-11、图 23-12）

图 23-11　碎石排水层施工

图 23-12　种植沙层施工

1）石料运抵现场储料区，使用小型车辆倒运至摊铺现场，避免破坏下承层。为了保证连续摊铺，现场应配备足够的存料。

2）回填摊铺碎石时应分层回填。现场技术人员及时检测摊铺面的标高及横坡，合格后，再继续摊铺。

3）在填摊铺过程中使用推土机链轨对碎石进行排压夯实，每层至少排压 3 遍，碎石层厚度 20±3cm。

4）回填种植沙的流程及要求与摊铺碎石层一致。

5）平整压实后，进行场地粗平：将场地天然草坪种植面按设计高程及坡度进行大体上找平，再人工结合机械（激光平地仪）细找平，高平低补。如此反复作业最终场地表面达到设计平整度及压实度要求，表面公差控制在±2mm 以内。

（6）天然草坪铺装施工（图 23-13）

1）种植沙改良：杀菌消毒以及改良土壤肥力，添加土壤杀菌剂、杀虫剂、施撒草坪专用底肥。重新构建团粒结构，机械旋耕、搅拌。用拖拉机反复旋耕搅拌均匀，搅拌均匀后拖拉机挂重物在场地内反复转圈刮平并压实。

图 23-13　天然草坪铺设

2）安装专用铰接喷头洒水。

3）放线，铺装草卷。

4）进行第一次浇水，以湿润种植层 15cm 为标准。

5）养护：主要作业内容是根据地温进行调整、保持土壤湿度、除杂草、治病害、适时追肥。前三周根据天气情况随时浇水保持表层土壤湿润。待草坪扎根后，即可按照草坪的正常管理规程进行日常的浇水、施肥、修剪、植保以及覆沙、打孔与梳草等作业。

3. 人造草施工技术

（1）无机料施工

1）基层结构

摊铺基层厚度为 200mm，无机料配合比为，石灰：粉煤灰：碎石＝4：11：85。

2）摊铺前将原底面清理干净，适当洒水湿润

根据工程数量将材料需用量、开工时间提前通知二灰碎石拌合料厂家，进行材料准备，保证拌合、供料。

施工选择晴朗天气进行，由于采用人、机械配合作业，施工周期相对较长，如果气温较高二灰碎石到场含水量可以略高于最佳含水量 1%～2%。二灰碎石宜选择在夜间上料，以达到减小水分损失。

3）二灰碎石到场后，对其外观进行检查，要求颜色均匀，不得有凝结的灰块、骨料过少或集中现象。

4）根据自卸车载重确定方量，有测量人员提前划出方格，严格控制卸料。

5）拌合料虚铺系数按 1.20 控制，采用人工配合机械进行，机械包括铲车、挖掘机、刮平机、压路机。首先用铲车或者挖掘机进行粗平，然后用刮平机进行初步找平，使用压路机进行第一次非震动碾压施工。

6）测量员检测高程，根据各位置高程上返 5cm 挂线找出底基层顶面高程。刮平机进行第二次找平，对于局部低洼处，应用齿耙将其表面 5cm 以上耙松，并用新拌合料找平。

7）再次用刮平机找平，每次找平都要按规定的坡度和路拱进行。

8）碾压前检验其含水量，使其含水量保持在最佳含水量的±2%范围内，如含水量较低，可适当洒水润湿。初步压实采用 6～8t 压路机由两侧向中心稳压 1～2 遍，其后立即进行找补找平，找平后用 12～15t 振动碾分层压实直至无明显轮迹。压实度达到最佳密实度的 95% 以上。接茬处加大碾压次数，保证达到规定的压实度。因工作间断或分段施工，衔接处可留出一定长度不碾压约 10m 左右，也可先把接头压实，待下一段摊铺时，再挖松、洒水、整平、重压。

9）养护：压实成型并经检验符合标准的无机料基层，必须在潮湿状态下养护，一般可洒水养护至少 7d。养护期间至铺筑上面一层前，严禁机械通行及机动车在其上通行。

（2）改性沥青混凝土施工

1）沥青摊铺

① 沥青混合料的摊铺厚度＝沥青混凝土面层的设计厚度×松铺系数。松铺系数由试验段得出，在 1.15～1.25 之间为合理值。摊铺机储料斗及绞刀分布宽度内备有充足的沥青料，减少摊铺机停机待料而影响平整度。整个沥青面层的摊铺缓慢、均匀、连续，不改变速度。根据供料速度确定摊铺机速度，但符合 2～6m/min 的规定，摊平、初压由摊铺机一次完成。

② 人工找补在现场主管人员指导下进行，在路面狭窄、工作面不够的地方进行人工摊铺，适当调整摊铺系数。

③ 沥青混凝土面层的纵向接茬与基层为错缝施工，即上下层错开的距离不小于 15cm。

④ 下层横接茬采用斜接缝。上层横接茬采用平接缝，将临近茬口处的原有面层、裂纹、松散、坑洼等部位趁尚未冷透时切除层厚不足部分。做到紧密粘接，充分压实，连接平顺。上下层接缝错开 1m 以上。

⑤ 从接缝处起继续摊铺混合料前用 3m 直尺检查端部平整度，不符合要求时予以铲除。

⑥ 纵接缝采用热接缝搭接，摊铺时重叠在已铺层上 5～10cm，摊铺后人工将多余料铲走，碾压时先在已压实路面上钢轮伸过 10～15cm 碾压一道，逐步向新铺料碾压，做跨缝碾压消除轮迹，达到平整度合格。

2）碾压

① 碾压应与摊铺密切配合，随摊、随铺、随碾压。

② 初压温度不低于 110℃，碾压终了温度不低于 65℃。温度过高时喷水降温。

③ 沥青混合料压实，先初压，再复压，最后是终压。初压用 8t 双钢轮压路机 2 遍；复压用双钢轮压路机宜碾压 4～6 遍至稳定或无显著轮迹；终压用双钢轮压路机碾压找平。

④ 碾压过程中，压路机应在慢速行驶中改变行驶方向，不得在原地重复；倒轴，不得拐死弯；不得碰撞侧石。应及时清刷碾轮，向碾轮上喷洒洗衣粉水防粘，注意少喷，掌握适量。

⑤ 沥青混合料碾压一遍后，应检查面层，发现局部推挤裂缝、粗集料集中等现象，及时一次整修完毕；压实后面层均匀一致。

⑥ 盖板及边缘、检查井周边，压路机不易压到的部位，用人工补夯、熨平。

⑦ 如有沥青混凝土料遗洒在盖板及侧石上，准备扫帚及时清扫干净，现场准备覆盖

材料备用。

3）铺设弹性垫

① 根据场地设计图先展开最边缘的一卷地垫，放卷后必须保持地垫边线和基准线在一条直线上，否则应从一个方向轻轻调整，让其保持在一条直线，调整好位置后用重物压住地垫。卷的两头会留有 30cm 的余量，暂不切除。

② 在第一卷旁边铺开第二卷。卷材可以快速地铺装，并可在滚动时或者铺开后调整位置。

③ 调整位置：在卷与卷之间留出自然缝隙（5mm 以下），不能拉扯，保持单方向平移，调整好位置后用重物压住地垫，以便后续操作。

④ 用专用热风枪进行焊接，焊接时不再做任何的拉扯，建议在 30℃ 以下温度进行施工。

⑤ 首次铺完三卷地垫之后，在地垫上铺开一卷草坪进行压实，地垫与草坪的铺装依次交替进行，接下来每次铺装、粘接好三卷地垫之后，按次序依次在地垫上铺草坪。

⑥ 粘接与切割草坪时不接触地垫；切割时建议在草坪打定位钉，用棉线拉出线条位置，按照线条位置切割草坪，后植入白线。

⑦ 待草坪植入白线后，切除地垫和草坪两端余量，同时用胶水将地垫点粘到地面上。

4）人造草坪施工

① 画底线

按照图纸尺寸把线仔细、清晰地画在场地的表面上，所有标志线全是双线。

② 草坪准备

将全部施工用草按照图纸要求移到施工要求地点摆放。

③ 草卷剪开修边

将提供的生产设计与铺装图进行对照，将生产设计上卷号为第一的草卷放进铺装图上注明 1 的位置，展开、整理并确认无皱褶，扭曲等现象后，将草卷多余的边裁掉，裁减后要保证草卷宽度不少于 4m，同时要保证直线度，然后将第二卷草放入指定位置展开，其余草卷依次类推。为保证场地的美观，放草时，尽可能搭接紧凑，修边后不能有重叠。

④ 粘接接缝边：将已经修好的草卷边均匀向上折叠 20～30mm，把准备好的接缝带放在相邻的草卷间的基础上，然后均匀涂抹上胶水，自然晾晒一段时间后，再放下接边。粘接好后，检查胶水凝固的情况。在胶水凝固时，压紧接缝边，使接缝边、胶水、接缝带充分粘接。

⑤ 标志线切割：在草坪上找准预留的标志线，在标志线的中间位置用力划开，并且使它自然收缩一段时间（12～24h），用美工刀沿线割出标志线的位置。

⑥ 粘接标志线：把成卷的白色草坪剪成相应宽度的长条，将其放入预留的标志线位置，然后将其与旁边的绿草用接缝带粘接在一起。

⑦ 注石英砂：准备好的石英砂均匀铺在场地上，条件允许的场地可以使用注砂机，用刷子仔细把铺好的石英砂刷一遍，使石英砂能自然地落到草苗根部，起到使草苗自然竖起的作用，为注橡胶颗粒做好准备。

⑧ 注橡胶颗粒：将准备好的橡胶颗粒均匀铺在场地上，条件允许的场地可以使用摊铺机，用刷子仔细把铺好的橡胶颗粒刷一遍，使橡胶颗粒能自然地落到草苗根部，起到使

草坪变软的作用。

4. 实例展示

天津新校区室外场地由于其面积广、场地多等特点，施工难度大、质量要求高，将人造草场地施工工艺与天然草施工工艺很好的应用在足球场地、橄榄球场地、棒球场地中，施工过程中得到了各责任主体以及政府监督部门的一致好评。如图 23-14 所示。

图 23-14　完成效果

第二十四章　专业排球柱于超薄楼板预埋处理技术

排球柱是排球运动中不可缺少的器具之一，排球网安装在两根排球柱之间，排球柱安插在运动场地上。为了便于排球柱的安装和移动，也为了使运动场地能满足多种赛事的需要，通常在运动场地上埋设有圆管形、圆筒形的排球柱预埋件，当运动场地上需进行排球运动时，只需将排球柱插入排球柱预埋件中；当运动场地上进行其他赛事时，只需将排球柱从排球柱预埋件中拔出，并用盖子将预埋件盖上。常用的排球柱预埋件盖，还包括盖板座，盖板座中间设置有通孔，盖板座上铰接有能盖住通孔的盖板，盖板座上设置有至少一个固定孔，螺栓穿过固定孔将盖板座和排球柱预埋件相固定。当需要安装排球柱时，只需翻开盖板即可；当拔出排球柱后，只需合上盖板就可进行其他比赛，使用方便灵活。

本章主要阐述中国排球学院中超薄楼板中排球柱预埋节点处理施工技术，为今后同类型的施工提供参考和借鉴。

1. 选题背景

我国唯一挂牌成立的中国排球学院，建筑面积为 19480.77m²，排球学院的三层空间设置 6 片能正式排球比赛的标准场地和 4 片高标准的排球训练场地。如图 24-1 所示。

图 24-1　排球馆效果图

排球柱预埋件简介：

排球柱预埋件采用直径 108mm×3mm 无缝钢管制作，高度 350mm，预埋件底部底托及顶板盖帽均采用 ABS 成型，排球柱为升降式排球柱，单根排球柱高度为 2430mm、重量为 75kg，外管为直径 90mm、厚度 3mm 的无缝钢管，内管为直径 75mm、厚度 3mm 的无缝钢管，排球柱内、外立柱表面均经酸洗、磷化、喷塑处理，抗蚀性达到 5 级。

排球柱是排球场地配套设施的核心，至关重要，单根 75kg 重的排球柱在自重和排球网的侧向拉力作用下很容易发生倾斜和位移，达不到排球比赛的要求，因此预埋件的预埋深度和安装牢固性对排球柱的稳定性很重要。为解决上述问题，经过多角度和各因素的分析，预埋件的预埋深度须达到 350mm，并且预埋件四周需用高强度的密实混凝土进行包

裹固定，才能保证排球柱的稳定性，进而满足比赛的使用要求。如图 24-2 和图 24-3
所示。

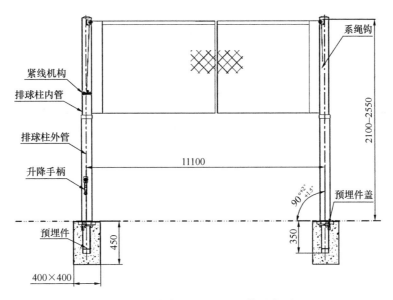

图 24-2　排球柱、网、预埋件示意图

2. 技术难点分析

　　经过对现场的施工环境的分析，排球馆三
层为 120mm 厚压型钢板混凝土组合楼板，楼板
下侧为大空间场地，而使用的排球柱专业预埋
件长度为 350mm，故在此楼板中仅能满足有效
的预埋深度为 120mm，无法满足预埋件的预埋
深度，如何增加预埋件的预埋深度是本工程的
难点之一。

　　由于单根排球柱的重量为 75kg，将重力垂
直传给楼板中的预埋件，同时在比赛时排球网

图 24-3　预埋件图

的向内侧向拉力也传递给预埋件，因此在垂直和侧向均受力的作用下，如何保证预埋件在
120mm 厚楼板中的稳定性，不发生倾斜和位移是此项技术的另一难点。

3. 核心技术方案制定

　　针对如何增加预埋件的预埋深度这一难点，满足排球柱预埋件 350mm 的预埋深度，
本工程的压型钢板混凝土组合楼板厚度为 120mm，预埋件的长度为 350mm，预埋件穿过
楼板后剩余长度为 230mm，为此在楼板下侧增加固定一个 400mm×400mm 立方体钢板筒
并浇筑混凝土，能完全将预埋件剩余的 230mm 部分全部预埋覆盖，以达到预埋件要求的
预埋深度。

　　对于如何保证预埋件在 120mm 厚压型钢板混凝土组合楼板中的稳定性，不发生倾斜

和位移这一难点，考虑到排球柱的自重和排球网的侧向拉力，为此在楼板下侧固定一个 400mm×400mm 立方体钢板筒并浇筑混凝土，通过钢板筒的连接件与楼板预埋件的焊接固定和混凝土的密实性，钢板筒、排球柱预埋件和楼板三者就形成了一个整体构件，很好地解决了排球柱向下地重力和侧向拉力引起的倾斜和位移。如图 24-4 所示。

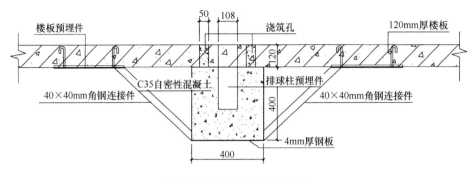

图 24-4　预埋件预埋示意图

4. 材料及工具准备（表 24-1）

工具材料表　　　　　　　　　　　　　　　　表 24-1

材料	规格型号	数量	图片	用途
钢板	1260mm×2500mm×4mm	5 块		焊接钢板筒
角钢	40mm×40mm×4mm	80m		连接件
埋件	400mm×400mm	80 个		结构楼板预埋件

材料	规格型号	数量	图片	用途
电焊机	ZX7-200T-220V	1台		焊接钢板和连接件
切割机	J3G2-400-3kW	1台		切割角钢
冲击钻	GSB 16-220V	1把		预留洞处理
经纬仪	DT-02	1台		测量放线

5. 技术要领

（1）工艺流程

拼装、焊接钢板筒支座→弹线定位→预留洞处理→固定钢板筒→预埋件就位→浇筑混凝土→混凝土养护。

（2）技术过程处理

1）拼装、焊接钢板筒支座：将钢板切割成 $400mm \times 400mm$ 的方块板，拼装、焊接成立方体，四面最下侧中间段各焊接一个连接件，斜向连接件长度 56.5cm，水平连接件长度 40cm，连接件与侧面钢板 45°焊接，形成一个固定预埋件的整体钢板筒支座。如图 24-5 所示。

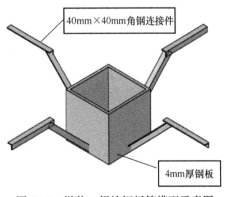

图 24-5 拼装、焊接钢板筒模型示意图

40mm×40mm角钢连接件

4mm厚钢板

2）弹线定位：根据施工平面图，弹线确定排球柱预埋件的位置。如图 24-6 所示。

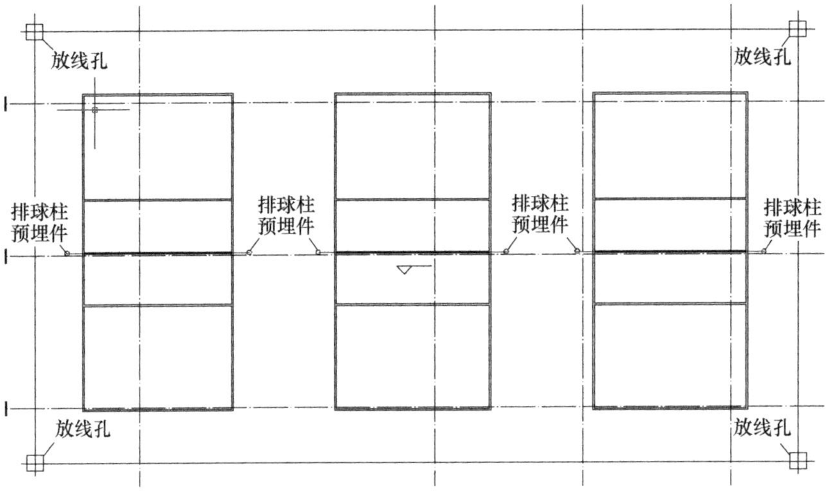

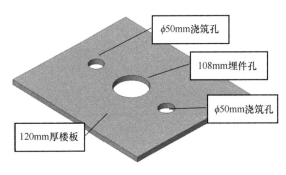

图 24-6　弹线定位示意图

3）预留洞处理：预埋件洞的位置确定无误后，进行预留洞剔凿修整处理，预留洞口直径与预埋件直径相同为 108mm，预埋件正好能穿过压型钢板混凝土组合楼板；同时根据预埋件的预留洞位置，寻找出距离预埋件洞外边 5cm 处左右对称的混凝土浇筑孔，同样进行混凝土浇筑孔剔凿修整处理，成型孔径为 50mm，此孔作为后期混凝土浇筑的进料孔和排气孔。如图 24-7 所示。

图 24-7　预留洞处理成型示意图

4）固定钢板筒：根据预埋件的定位线，找出结构施工预埋在楼板里面的 3mm 厚钢板预埋件（尺寸为 400mm×400mm），将现场焊接好的钢板筒和连接件形成的一个整体构件，通过水平连接件与楼板预埋件双面焊接，钢板筒上口与楼板下侧板拼装严密，进而固定好钢板筒，焊缝防腐处理到位。

5）预埋件就位：穿过预留洞，预埋件上口标高跟楼板上表面平齐，固定预埋件。

6）浇筑混凝土：在一侧预留的混凝土浇筑孔浇筑 C35 自密性混凝土，直到另一侧的浇筑孔溢出混凝土为止，抹平压光。

7）养护：连续洒水养护 14d。

6. 技术评价

在整个项目组的共同努力下，运用此项处理技术，顺利地将排球馆 20 个排球柱预埋件完成施工，如图 24-8 所示。预埋件安装的牢固稳定且位置准确，未出现排球柱倾斜和位移现象，达到了正式排球比赛的要求，有效地解决了排球柱预埋件在超薄楼板中安装的不牢固和不稳定问题。此安装方法为后续排球柱预埋件在超薄楼板中施工提供了宝贵的经验，同时，也受到了行业内的一致好评。

图 24-8　完成效果图

第二十五章　预制环保型天然橡胶卷材施工技术

随着经济的持续快速发展，塑胶跑道体育运动场地面层逐渐无法满足人民的运动健康理念。特别是 2014 年轰动全国的"毒跑道"事件后，高校教育部门越来越开始注重体育场跑道施工质量。本章通过介绍有别于塑胶材质的天然橡胶面层施工全过程，总结当前最先进的预制环保型橡胶跑道施工技术，丰富体育场地面层施工技术。

1. 背景概述

2017 年全国第十三届运动会在天津举行。其中承接的女子足球的田径场占地面积 8649.56m²，场地主要为天然橡胶场地，包括常规跑道、放松区软跑道和障碍赛道等。图 25-1 为田径场场地分区图，其中辅助赛场为 9mm 橡胶面层，主赛道为 13mm 橡胶面层，分为直道区、弯道区和半圆区，其余为 18mm、15mm、113mm 不等厚度加厚区。

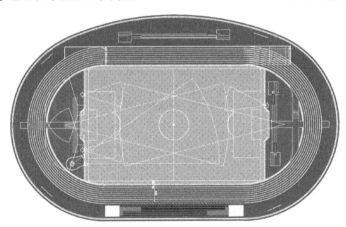

图 25-1　场地橡胶做法分布图

2. 技术分析

（1）场地施工构造分析

体育面层施工是体育场馆施工的精髓，要采取有效措施，优化施工设计，有针对性的选购建造材料，采用确实有效的施工工艺方法，才能确保体育工艺质量。对于体育面层来说，回填土地基不实，容易导致塌陷，影响上部构造；无机料板结层主要起到固结作用，保证上层体积稳定性，避免局部受力断裂；沥青防水层有助于防止水分随温度升高，气体上升，形成的动力源是塑胶面层断裂、起鼓的主要原因；塑胶面层断裂、起鼓，是施工最直观的质量问题。如图 25-2 所示。

（2）地基回填处理

基层的稳定性及密实度决定整个运动场的质量。首先对整个施工现场进行放样和高程测量工作，以排水沟顶面标高为场地的±0.00，田径场以足球场0、01、02三点为定位线，各运动场的位置则以各运动场的拐角边1m处设纵横向定位点，用钢钎埋于地下15～20cm左右，再用混凝土包裹起来，妥善保护；运动场地（基础底标高）的高程达到所须标高，用推土机推去运动场的表层土，再用震动压路机碾压密实，压实度≥95%。

13mm厚橡胶卷材面层
5mm厚橡胶卷材加厚层
30mm厚细沥青混凝土
50mm厚粗沥青混凝土
200mm厚无机料垫层
原基础

图25-2　橡胶场地构造层

原状土场地施工完成后，在素土层上部分层回填300mm厚12%灰土，回填施工前场地清理完成，场地周圈排水沟施工完成，以排水沟内壁为回填边界。

（3）无机料垫层板结作用

本板结层采用厂拌级配碎石，厚度为200mm。回填机械采用自卸汽车运料，料斗上用篷布覆盖，以减少混合料含水量的损失。运料车在摊铺作业面以外调头，倒退驶入摊铺现场，避免破坏下承层，保证连续摊铺。

回填摊铺级配碎石时应分层回填、回填摊铺前下承层表面应适量洒水，保持湿润。现场技术人员立即检测摊铺面的标高及横坡，合格后，再继续摊铺。回填摊铺过程中应对每层级配碎石进行夯实，每层至少夯实3遍。

采取碾压回填时，应注意保护排水沟内壁不受破坏。回填时发现有机质杂质及泥块应随时清除，大体积填料应先敲碎后，再填筑。

（4）沥青摊铺碾压

沥青混合料使用自动找平沥青摊铺机进行全宽度摊铺和刮平。摊铺机自动找平时，采用所摊铺层的高程靠金属边桩挂钢丝所形成的参考线控制，横坡靠横坡控制器来控制，精度在±0.1%范围。摊铺时，沥青混合料必须缓慢、均匀、连续不间断地摊铺。

当沥青混合料摊铺表面修整后，立即对其进行全面均匀的压实。首先，初压在混合料摊铺后较高温度下进行，沥青混合料不应低于120℃，不得产生推移、发裂；然后，复压要紧接在初压后进行，沥青混合料不得低于90℃，复压用的轮胎压路机（轮宽2.79m）、10～12t三轮压路机，配合使用，复压4～6遍至稳定无显著轮迹为准。

最后终压要紧接在复压后进行，沥青混合料不得低于70℃，采用轮胎压路机碾压2～4遍至并无轮迹。碾压从外侧开始并在纵向平行于道路中线进行，双轮压路机每次重叠30cm，三轮每次重叠为后轮宽的一半，逐步向内侧碾压过去，用梯队法或接着先铺好的车道摊铺时，应先压纵缝，然后再进行常规碾压，在有超高的弯道上，碾压应采用纵向行程平行于中线重叠的办法，由低边向高边进行。碾压时压路机应匀速行驶，不得在新铺混合料上或未碾压成型并未冷却的路段上停留、转弯或急刹车。

沥青混合料的摊铺应尽量连续作业，压路机不得驶过新铺混合料的无保护端部，横缝应在前一次行程端部切成，以暴露出铺层的全面。接铺新混合料时，应在上次行程的末端涂刷适量粘层沥青，然后紧贴着先前压好的材料加铺混合料，并注意调置整平板的高度，为碾压留出充分的预留量。相邻两幅及上下层的横向接缝均应错位1m以上。横缝的碾压采用横向碾压后再进行常规碾压。如图25-3所示。

图 25-3　沥青滚铺碾压

（5）预制环保型橡胶跑道面层施工技术

1）天然橡胶参数

天然橡胶为天然高分子材料，是一种天然高分子化合物，分子式是（C_5H_8）n，其成分中 91%～94% 是橡胶烃（聚异戊二烯），其余为蛋白质、脂肪酸、灰分、糖类等非橡胶物质。天然橡胶跑道通常在工厂内预制成卷材，然后用聚氨酯接着剂粘贴在沥青或水泥地面上。如图 25-4 所示。

图 25-4　预制环保型天然橡胶卷材

天然橡胶原料为新型绿色环保产品，通过国家体育用品质量监督检查中心和国家建筑材料测试中心检测，并提供相应材料的检测报告。

天然橡胶面层表面颜色应均匀、鲜艳、无着色差别。面层经得起挤压、摩擦、钉子损伤、紫外线照射、水和不同温度的共同侵袭。面层平整度保证 3mm 厚直尺检验下误差不超过 3mm，且合格率达到 85% 以上。橡胶厚度必须达到设计要求，做到平整均匀。

橡胶技术参数按国际田径联合会（IAAF）对田径场地合成材料面层技术要求，见表 25-1。

2）操作技术

① 底层施工要点

基础表面处理：保证施工下道施工界面整洁，把场地高低不平处标识出来。然后对高出部分进行打磨，低凹处进行填补，采用高压水枪对场地冲洗至干净。

天然橡胶技术标准 表 25-1

项 目	技术执行标准
硬度（邵A）（度）	45～60
回弹值（%）	≥20
压缩复原率（%）	≥95
抗拉强度（MPa）	≥0.4
扯断伸长度（%）	≥40%
阻燃性（级）	1
摩擦系数	≥0.5

随后进行的试水试验是调整面层平整度最重要的步骤，用自来水均匀淋洒场地，观察排水和积水情况，在积水部位用彩笔标明，如果有凸出部位，用专业工具风刨机和水泥打磨机铲平，自然干燥后用专业修补材料修补积水部位，重复以上试水和补积水的工作，直到场地无明显积水现象为止。

底层找平施工采用摊铺机将橡胶跑道结合剂摊铺在场地内，有助于整体平整度，同时加强底层与橡胶颗粒层的粘结强度。

② 预制环保型橡胶跑道面层施工要点

施工常规的顺序为：先铺装两个半圆区，再铺设主跑道区，最后铺设辅助区域。如图25-5 所示。

A. 主赛区直道的施工

橡胶卷材铺设前的定位时，以内环第一道的第一条分道白线中心线为基础，以每条跑道的宽度 1.22m 为单位，向外道沿方向用彩色粉笔标出每条道的位置。挑选适当长度和宽度的橡胶跑道卷材，按主赛区中已表明的位置从第一道、二道、三道的顺序开始铺开，保证卷材之间的横向接口要重叠 100mm 以上，纵向接口要重叠 4±0.5mm，目的是在黏结卷材时，需要采取挤压方法安装。由于卷材表面的纹路有方向性，所以要按同一方向铺开，避免出现色差。

图 25-5 橡胶卷材施工过程

将已铺开的橡胶跑道卷材，以每条为单位，从两端收卷在中间并拢；从第一道开始，在每卷橡胶卷材两端的基础表面上刮涂配置好的胶粘剂，用量按每 1.5kg/m² 为准。胶粘剂刮涂区域的长度以超过卷材的长度 300mm 为准，宽度以超过卷材的宽度 10mm 为准；将卷材按预定方向铺开黏结，调整橡胶卷材的位置，以固定在预定的位置上；在胶粘剂固化前将自重为 50kg 的滚筒向同一方向滚压，使卷材表面平整，然后用砖块平压在卷材的四周边上，直到胶粘剂完全干固为止。

卷材之间横向接口的处理将准备黏结的卷材按以上方法黏结好，并将卷材的一端重叠在已黏结好的卷材的一端上 100mm；用钢尺和钢刀将重叠部分的卷材平行切割掉 96±1mm，并在切口截面涂少量胶粘剂，然后将卷材挤压黏结在基础上并同已黏结好的卷材一端紧密对接；确保接口平整后，用砖块压实直到胶粘剂完全干固为止。

在第一道胶粘剂完全干固后，可以铺设第二道，铺设第二道时，方法同上，但铺设第二道时，第二道要在纵向方向重叠在第一道上 3～5mm，并采用挤压的方法黏结，同第一条道接口处要保持水平；用滚筒滚压时，滚筒应跨到第一道 50cm 左右，以保证二条道尽可能在同一平面上。

卷材黏结完后，及时用砖块将卷材四周压实，直到胶粘剂完全干固为止。第三道以后的橡胶跑道铺设方法同第二道的铺设方法。

B. 半圆区的施工

在铺设半圆的橡胶跑道卷材之前，应征求使用方的意见来确认卷材铺设的方向是采用纵向方向还是横行方向；弯道部分的橡胶卷材黏结铺设时，将第一道的橡胶卷材外侧按场地设计的弧度自然排开，借助橡胶材料自然张拉弹性，铺设橡胶卷材的内侧会有微小的打折，这时用砖块压平压实即可。铺设的其他工作同直道部分的一样。

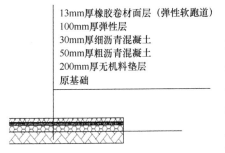

13mm厚橡胶卷材面层（弹性软跑道）
100mm厚弹性层
30mm厚细沥青混凝土
50mm厚粗沥青混凝土
200mm厚无机料垫层
原基础

图 25-6　加厚区弹性软跑道橡胶卷材

C. 加厚区的铺设

加厚区的面层包括 18mm、25mm 和 113mm 不同厚度的橡胶跑道，其中 18mm 与 25mm 厚度采用底层加厚方式，首先在相应位置沥青层预留 5mm 与 12mm 凹槽，然后在底层找平施工后加涂结合剂至完成标高，最后滚铺橡胶卷材；113mm 为放松跑道区，在沥青层上部用 100mm 弹性气囊加设弹性层，上部铺橡胶卷材。如图 25-6 所示。

③ 跑道划线

橡胶面层铺设完成后，做好卫生清洁工作，完成后即可开始划线。如图 25-7 所示。

首先用激光测距仪及经纬仪复检四个基本桩点，并对误差调校确定后，按照国际田联的标准进行测量，定出四个基本点。然后以此为基准，用钢尺把划线分好，做好记号，再用具有一定韧性的鱼丝线将直线各点按纵横相连。

贴好分色纸，将线漆调好后即可开始喷线。确保线宽的误差严格控制在规则允许的最低限。喷线前，场地清洁不仅要彻底，分色纸还要贴紧，而且要等到界线油完全干燥后方能拿掉分色纸。

图 25-7　场地划线施工

3. 技术成果

本次施工通过回填碾压控制、构造层平整度控制、面层施工控制，有效地控制室外场地天然橡胶跑道面层质量，场地完成效果如图 25-8 所示。丰富了田径场天然橡胶跑道体育工艺内容，培养了技术过硬的施工队伍，这是保证天然橡胶跑道面层质量的重要因素。

图 25-8　场地完成效果图

第二十六章　现代化体育馆可伸缩电动座椅安装技术

随着人们生活质量的提高，越来越多的人开始注重精神文明建设，目前全国各地体育场馆的建设进入井喷式阶段。但面临着一个问题，座位数量远远满足不了实际需求，在此基础上，可伸缩电动座椅应运而生。

电动伸缩活动看台，拉伸成台阶形时，翻起座椅可供观众舒适地使用，设计独特先进、款式新颖豪华、座椅美观舒适。收缩成层叠状时占用很少的空间，让出场地，增大空间。因此被广泛地应用于体育场馆、电视演播厅及各种多功能活动场所。伸缩电动座椅可以根据不同场地使用需求，展成多层数的台阶形式，可容纳大量观众，收拢时占用空间少，充分利用有限面积，满足多种使用需求，节约建设费用，提高场地利用率，达到一馆多用、多功能的目的。伸缩座椅具有灵活度高、省省空间、适应性强等特点，它的发展已然成为当今场馆设备的一种趋势。

1. 案例工程

天津健康产业园综合体育馆为 2017 年全运会击剑比赛场馆，甲级体育建筑，北部为训练厅，设有两片篮球训练场地，中部为比赛厅，设有一片篮球比赛场；体育馆座椅分为固定座椅和伸缩座椅，红蓝相间布置，共计 5008 座，其中固定座椅 4278 座，伸缩座椅

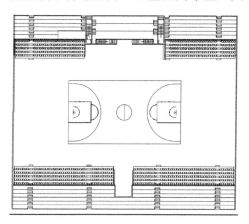

图 26-1　伸缩座椅区域

730 座，伸缩座椅位于主赛场两侧看台挑檐的下方，伸缩座椅区域如图 26-1 所示。

伸缩座椅 5 排，走道 40 梯。伸缩座椅底部结构型号及规格：采用 YHTD 型号，阶宽 850mm，阶高 295mm，踏板为 18mm 层压板。

伸缩座椅材质采用高密度聚乙烯（HDPE）为原料，中空吹塑一体成型，该材料具有良好的防水性与抗冲击性，机械强度和化学稳定性好，具有良好的耐候性（耐热性和耐寒性），座椅颜色选用专业着色母粒，可保证颜色持久靓丽；座椅连接件采用优质钢板冲压成型，表面喷粉处理，座椅采用半自动机构方式翻放，驱动方式为电动，每组伸缩需配备一个三相四线 16A 功率 2500W 动力电源。

2. 安装技术

（1）施工条件

1）进场作业基本条件：

① 要求有 2500W 以上三相四线电源；

② 要求有充分的照明条件；

③ 安装的基础台阶符合要求。

2）活动看台安装前以下工程须完成。

① 馆内木地板工程安装及保养期须完成、在活动看台轮面轨迹区加强处理须完成；

② 活动看台的电控预留系统到位；

③ 活动看台挑梁下的装修、装饰必须完成；

④ 工作面上空焊接工程必须完成；

⑤ 与活动看台接驳的通道必须完成。

（2）伸缩原理

电动伸缩座椅以伸缩系统为框架，配以种类繁多的座椅。伸缩系统由金属框架以及联动装置组成的，利用物理学原理：每一个伸缩点的金属框架都配有相应的联动装置，当一组金属框架移动时，联动装置会带动另一组金属框架移动，从而达到整套系统的伸缩。

伸缩座椅采用电机驱动，采用红外线遥控传感器，随时调整各驱动电机行走、停止和收缩。整个系统设极限位置自停装置，由开关箱及自动限位机构中的行程开关组成；独特的极限位置限定装置，能有效地防止因设备原因及地面原因造成的运行过程中非正常停车。

（3）施工工艺

伸缩座椅主要安装工艺如下：

进场准备→清理现场、场地定位画线→主要部件组装→逐排安装→座椅安装→控制系统安装→接线调试→最后安装整理。

1）进场准备

主要包括核定挑檐完成面净空间、确认活动座椅下的木地板已施工完成，且可以满足荷载要求。

伸缩座椅施工的前提为现场活动看台挑梁下的装修已完成，体育馆墙面采用吸声穿孔铝板，在前期策划中，需要多次核定装修完成面下方的净空间，确保伸缩座椅在收缩状态下可以放进挑檐下，节约空间；进场后，需要再次核定净空间。

体育馆采用进口双认证木地板，若有损坏，维修非常困难；同时活动座椅在坐满人时，下方木地板的承载要求不大于 $400kg/m^2$。基于上述两点，要求木地板下方的龙骨进行加密处理，龙骨加密如图 26-2 所示。

图 26-2　木地板龙骨加密

2）清理现场，场地定位画线

使用红外线在木地板上进行放线，保证活动座椅下方导轨定位准确，防止活动座椅在伸缩过程中跑偏。

3）主要部件预组装

活动座椅所有构件需要在现场组装，主要内容包括如图26-3～图26-6所示。

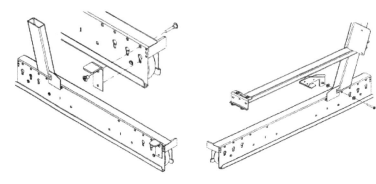

图26-3　下部导轨及斜支撑组件组装　　　　图26-4　安装排锁

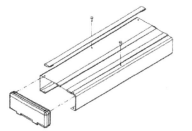

图26-5　组装过渡台阶　　　　图26-6　组装驱动系统

4）逐排安装

收缩座椅的安装原则为逐排安装，从第一排开始；先安装伸缩结构，后安装踏板，最后安装墙面地面的固定装置。如图26-7～图26-17所示。

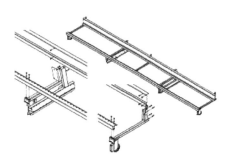
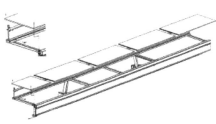

图26-7　安装第一排　　　　图26-8　安装第一排踏板结构

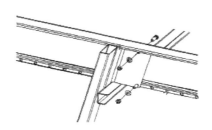

图 26-9　组装支撑结构组件

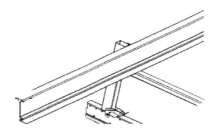

图 26-10　安装竖板及前缘系统

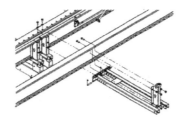

图 26-11　安装上部导轨及悬臂支撑系统

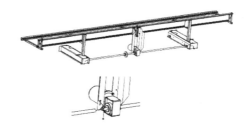

图 26-12　安装电机及驱动系统

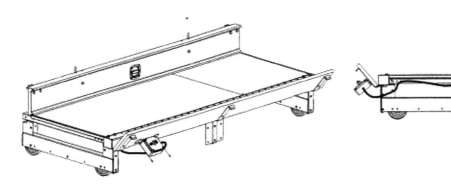

图 26-13　安装有线控制器插线装置

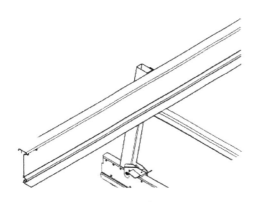

图 26-14　安装竖板

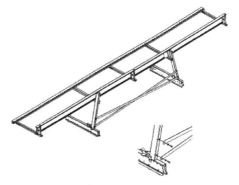

图 26-15　安装斜向拉力钢条

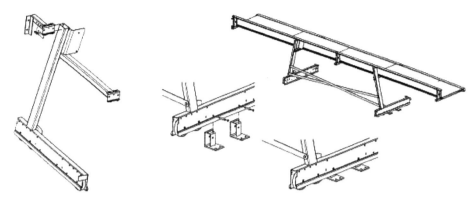

图 26-16　安装墙壁固定装置　　　　图 26-17　安装地面固定装置

5）座椅安装

看台座椅使用联排翻倒、立起机构，立起时能自动锁止。为减轻座椅整排翻放的劳动强度，座椅翻转机构采用扭簧重力平衡装置。采用内藏式脚踏座椅翻倒解锁装置，可有效地防止误操作而影响座椅使用安全。

待伸缩结构组装完成后，整体安装座椅，通过螺栓固定于伸缩结构。座椅颜色间距同固定座椅为 480mm。

6）控制系统安装

伸缩座椅的控制体系为电动驱动，在每一个活动座椅后方均预留一个 16A 2500W 三相四线电源。在每一层座椅下方均设置有一个联动装置，利用物理学原理：每一个伸缩点的金属框架都配有相应的联动装置，当一组金属框架移动时，联动装置会带动另一组金属框架移动，从而达到整套系统的伸缩。如图 26-18 所示。

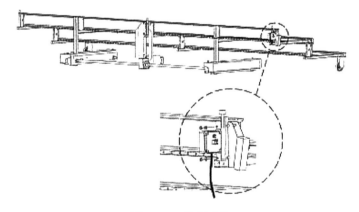

图 26-18　控制系统

7）接线调试

待通电后，进行展开、收拢的调试，确认导轨的位置，保证在运行过程中，不跑偏，各个联动装置正常工作。如图 26-19 所示。

8）最后安装整理

整个伸缩座椅待调试正常后，最后安装座位、号码、前缘边界防滑条及两侧的护栏。

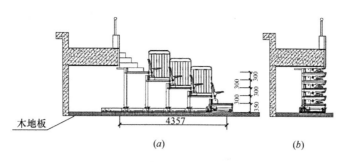

图 26-19 伸缩电动座椅伸开、收拢状态

(a) 看台伸开状态；(b) 看台收拢状态

看台左、右侧设有免拆卸自动套叠刚性护栏。圆管焊制，经打磨、喷漆处理，栏杆与看台连接牢固，整体美观大方，侧向受力 50kg/m 时不变形、松动。

3. 伸缩座椅合拢注意事项

体育馆伸缩座椅主要采用后置翻折椅，活动座椅的颜色同固定座椅。

在伸缩座椅合拢时，将全部座椅用脚踩着翻折杆，将座椅翻下。

检查联合锁（排锁）是否正常，检查看台底部地面是否有障碍物或其他物品。

合拢时，系统两边至少各站一人，当操作员启动关闭开关时，两边操作人员必须密切注意系统收缩情况，正常情况下，每排应依次收缩；当系统收缩至最后一排时，两边的操作人员应注意两端进入情况，可以作不定期的调整。最后，系统一定要收至设定的位置上。如图 26-20 所示。

看台合拢后，关闭系统电源。

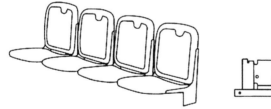

图 26-20 后置翻折椅张开与合拢

4. 质量控制

（1）电动座椅的"横平竖直"控制

为使电动座椅与固定座椅完美的结合，在施工工程中，结合现场实际尺寸，在座椅施工前进行优化处理。在加工构件时，主要控制以下几个方面：

1）座椅间距的控制：电动座椅的间距和活动座椅的间距统一为 480mm，保证在竖直方向在同一条线。

2）通道的尺寸控制：通道尺寸的大小直接决定通道两侧座椅的数量及边上座椅的空余空间，在保证消防通道尺寸的前提下，通道尺寸选用 1100mm。

（2）挑檐净空尺寸控制

挑檐的净空尺寸直接决定座椅的层数及高度，而由于电动座椅存在一定的加工工期，需要在整个装修过程中严格控制净空尺寸。电动座椅在收缩状态下至少需要1750mm的净空尺寸，在木地板及吊顶装饰层施工前，净空尺寸仅为1950mm，且木地板平整度要求极高，木地板厚度130mm不可调整，所以在吊顶施工时，严格控制吊顶的厚度。

（3）通道口处装饰面加强处理

考虑到固定座椅和活动座椅的通道人流量较大，原设计的铝板不满足强度要求，长久使用之后，会出现变形现象。故此处加强为不锈钢板，其具有防滑效果，整体与周围铝板、地面统一协调。如图26-21所示。

图26-21　通道口不锈钢板

5. 实施效果

体育馆基于一馆多用，提高场地利用率，在体育馆看台挑梁下设置收缩座椅，利用挑檐下的空间，将场馆内部的座位数量提高近15%。体育场馆伸缩座椅的应用得到业主单位的好评和认可，收缩电动座椅在施工完毕后，与上方的固定座椅完美协调为一体，横平竖直，外观整体美观、大方。如图26-22所示。

(a)

图26-22　实施效果（一）

(a) 实施效果1

(b)

(c)

图 26-22 实施效果（二）

(b) 实施效果 2；(c) 实施效果 3

第二十七章　各类体育场馆专业场地照明系统

体育场馆电气照明应满足正常体育比赛和训练的需要。为满足运动员比赛和训练的照明要求，体育场馆电气照明工程要达到一定的标准，如供电电源的可靠性、场地照明的布置方式、灯具选型、照明控制等。一般来说，赛场越大、速度越快、球越小，照明标准就越高。对运动员裁判员而言，水平照度在 $150 \sim 300$lx 就能正常比赛；观众观看比赛，视线较远，观看位置相对固定，随着运动员的移动，观众视线也随之移动，照明标准是随着观看距离的增加而提高，照度高低是观众能否观看清楚的关键指标，每一次技术进步就意味着照明标准的提高；平面媒体如广播电视、摄影记者、报纸、杂志等平面媒体记者也要报道赛事情况，记者在记者席，或在一定范围内，一定时间内进行采访、报道工作，都需要有电气照明的支持。

一座现代化的体育场馆建筑，不但建筑外形美观大方，功能齐全，而且要有可靠的供电和良好的照明环境，即可靠的供电措施，合适、均匀的照度和亮度，理想的光色，良好的立体感，较低的眩光等。无论自然光还是人工照明，照明都是将光线作用于运动员、裁判员、观众的眼睛，并产生视觉，通过视觉人们才能看到运动场上精彩的比赛。

1. 各类场馆专业照明设计要点

对于体育馆运动场地照明，要求整个运动场地上要有较高的亮度和色彩对比，在各点上有足够的光，照度要均匀，立体感要强，要有合适的配光。有彩色电视转播要求的场地照明，其光源的色温及显色性要满足彩色电视转播要求，并能对眩光加以限制。

为使各类场馆专业照明质量达到最好，设计过程中需注意以下几点要点：

（1）照明标准

各类体育场地、场馆照度标准严格执行《建筑照明设计标准》GB 50034—2013 及《体育场馆照明设计及检测标准》JGJ 153—2016，具体参数详见各场馆章节。

（2）照明设备设施的选择

1）光源的选择

① 灯具安装高度较高的体育场馆，光源宜采用高悬挂荧光灯、高效 LED 投光灯、金属卤化物灯。

② 顶棚较低，面积较小的室内体育馆，宜采用高悬挂荧光灯和小功率 LED 灯具。

③ 特殊场所光源可采用特殊灯具，如防爆灯具。

④ 光源功率应与比赛场地大小，安装位置和高度相适应。室外体育场宜采用大功率和中功率 LED 灯具、金属卤化物灯，并保证光源工作不间断或快速启动。

⑤ 光源应具有适宜的色温，良好的显色性，高光效，长寿命和稳定的点燃及光电特性。

⑥ 眩光与灯具的发光方式、安装高度、角度、灯具功率有直接关系，对眩光要求高的场所推荐采用高悬挂荧光灯具或采用高角度的调整来降低灯具的眩光。

2）灯具的选择

① 灯具的防触电等级应符合：选用有金属外壳接地的Ⅰ类或Ⅱ类灯具，游泳池和类似场所应选用防触电等级为Ⅲ类的灯具。

② 灯具宜有多种配光形式，体育场馆灯具可按以下分类：

A. 灯具配光应与灯具安装高度，位置和照明要求相适应；室外体育场宜选用窄光束和中光束灯具，室内体育场宜选用中光束和宽光束灯具；

B. 灯具宜有防眩光措施；

C. 灯具及附件应能满足使用环境的要求，灯具应强度高、耐腐蚀，灯具电器附件都必须满足耐热等级的要求。根据照明场所的环境要求选择相应灯具，在有腐蚀性气体或蒸汽的场所宜采用防腐蚀密闭式灯具，在振动、摆动较大场所的灯具应有防振、防脱落措施，在需防止紫外线照射的场所应采用隔紫外线灯具，直接安装在可燃材料表面的灯具，应采用标有"F"标志的灯具；

D. 金属卤化物灯不宜采用敞开式灯具；灯具外壳的防护等级不应低于 IP55，不便于维护或污染严重的场所防护等级不应小于 IP65；

E. 灯具的开户方式应确保在维护时不改变其瞄准角度；

F. 安装在高空中的灯具宜选用重量轻，体积小和风载系数小的产品；

G. 灯具应自带或附带调角度的指示装置；灯具锁紧装置应能承受在使用条件下的最大风荷载；

H. 灯具及其附件要有防坠落措施。

3）灯杆及设置要求

当场地采用四塔式、多塔式或塔带混合照明方式布灯时，需要选用照明灯杆作为灯具的承载体。照明灯杆在满足照明技术条件要求的情况下，与建筑物的关系主要有以下几种方式：

① 灯杆独立于主体建筑物之外，这种灯杆作为独立设备单独存在，目前应用广泛；

② 灯杆依附于主体建筑物上，但未同主体建筑整体结合，这种形式的基础同建筑物基础形式可能有所不同，需单独处理；

③ 灯杆依附于主体建筑物上，并同主体建筑物整体结合时，这种形式能很好地处理美观问题，如果这种方案可行，可优先采用此方案；

④ 灯杆应根据航空管理规定设置障碍照明。

（3）灯具布置

不同运动项目会在不同大小的运动场地进行，同时会用不同的方式来利用运动场地，运动员的活动范围以及在运动中视野所覆盖的范围也不尽相同。体育场馆场地照明灯具应服务好这些运动项目，满足它们的需求。因此，在综合考虑运动项目特点、运动场地特征的基础上合理布置灯具，以获得良好的照明水平，避免对运动员和电视转播造成不利影响。

场地照明方式一般分为下列 5 种：

1）顶部布灯方式：顶部布灯方式即单个灯具均匀布置在运动场地上空，宜选用对称型配光的灯具，适于利用低空间，对地面水平照度均匀度要求较高，且无电视转播要求的体育馆。灯具的布置平面应延伸出场地一定距离，用以提高场地水平照度均匀度。

2）群组均匀布灯方式：群组均匀布灯方式，即几个单体灯具组成一个群组，均匀布置在运动场地上空，一般用于篮球、手球、乒乓球、体操、曲棍球、冰上运动、柔道、摔跤、武术等中小型体育馆和高度相对高的大型体育馆，不适用于有电视转播的场地。此种布灯方式较为经济，但照明的立体感差，场地地板上存在倒影。

3）侧向布灯方式：侧向布灯方式宜选用非对称型配光灯具布置在马道上，适用于对垂直照度要求较高，常需运动员仰头观察的运动项目以及有电视转播要求的体育馆。侧向布灯时，灯具仰角（灯具的瞄准方向与垂线的夹角）不应大于65°。侧向布灯方式通常将灯具安装在运动场地边侧的马道上，该方式一般用于垂直照度要求较高的场馆，适用于有电视转播的场地。此种布灯方式的照明立体感好（图27-1）。

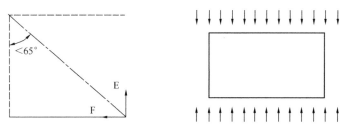

图 27-1 侧向布灯

4）混合布灯方式：混合布灯方式，即将上述两种或多种布灯方式结合起来的一种布灯方式，适用于所有室内项目，通过不同组合的开灯控制模式，可以满足大型体育馆以及对垂直照度要求较高的彩电转播的体育馆，有较好的照度立体感。

5）间接照明布灯方式：间接照明是一种较为舒适的照明方式，灯具不直接照射运动场地，而是通过反射光实现场地照明。此种照明方式要求体育馆顶部为高反射率材料，同时顶部高度不宜低于10m，灯具安装应高于运动员和观众的正常视线，以控制灯具的直接眩光，但这种方式效率很低，尽量不要采用。

（4）配电原则

比赛场地照明通常按一级负荷要求供电，正常时两路电源采用两段母线分段运行，当一路电源故障而失电时，另一路电源应可提供场地全部照明用电负荷，为了使场地照明更安全有效地运行，正常情况下每路电源各连接场地照明的50%负荷，并且场地照明灯具被两路照明均匀交替供电，当一路电源失电时仍有50%的场地照明均匀地分布全场。配线应尽量做到三相负荷平衡，使得相邻灯具连接在不同的相序上，三相灯光在场地上重叠照明从而使光通连续性得以改善，有效抑制频闪效应。

（5）照明计算

一般照明的照度计算方法通常有利用系数法、单位容量法和逐点计算法3种。通过计算结果就可以绘制水平照度等照度曲线图和垂直照度等照度曲线图，得出他们的平均照度、最大、最小照度值、照度均匀度及立体感等数据。这些数据如满足要求就说明布灯方案合理可行。否则就要调整布灯方案，再重新进行照明计算，直至满足要求为止。场地照明基本上采用专用软件进行计算，计算精度越来越高，完全可以满足实际需要。

照度计算需注意以下几点：

1) 有电视转播时平均水平照度宜为平均垂直照度的 0.75～2.0；

2) 照明计算时维护系数值应为 0.8；对于多雾和污染严重地区的室外体育场维护系数值可降低至 0.7；

3) HDTV 转播重大国际比赛时，辅摄像机方向的垂直照度应为面向场地周边四个方向垂直面上的照度；

4) 水平照度和垂直照度均匀梯度应符合下列规定：

有电视转播时：当照度计算与测量网格小于 5m 时，每 2m 不应大于 10％；当照度计算与测量网格不小于 5m 时，每 4m 不应大于 20％；

无电视转播时：每 5m 不应大于 50％。

5) 观众席座位面的水平照度值不宜小于 100lx，主席台面的平均水平照度值不宜小于 200lx。有电视转播时，观众席前排的垂直照度值不宜小于场地垂直照度值的 25％；

6) 眩光指数 GR：室内≤30，室外≤50；

7) 为了考虑场地照明的多种模式，需要建立多个灯光场景进行计算，包括应急与观众席，对应的每个模式又需要控制群来控制，为了建立控制群方便，建议从低模式往高模式来做，在灯光计算满足最低模式后将所有灯具加入到该控制群，然后接着加灯具，再计算，满足高一级模式再重复上一步，以此类推，最后经过计算建立满足各模式的灯光布置方案。

(6) 照明控制

甲级以上体育馆、体育场的比赛厅照明设置集中控制系统并设于专用控制室内，通过控制室观察窗应能直接观察到主席台、比赛场地和不低于 75％的照明灯具。

1) 比赛照明应具备以下功能：

① 可以对全部比赛厅照明灯具进行任意编组和控制；

② 控制主机内应能预置不少于 4 个不同的照明场景编组方案；

③ 在集中控制屏上显示全部比赛厅照明灯具的工作状态；

④ 在集中控制屏上显示主供电源和备用电源的电气参数；

⑤ 在集中控制屏上显示各分支路干线的电气参数；

⑥ 电源、配电系统和控制系统出现故障时发出声光故障报警信号。

2) 照明控制分组宜符合下列要求：

① 控制回路分组不仅要满足不同比赛项目的要求，同时要满足不同照度要求时的合理分配；

② 当比赛场地有自然光照明时，控制回路分组方案应与其协调；

③ 每个分支回路照明装置数量不宜超过 8 个，且单相电流不宜超过 30A；

④ 不同分支回路不宜敷设在同一线管内。

2. 田径场专业场地照明

本次设计田径场位于天津健康产业园。建筑面积 7958.95m²，框架结构。建筑高度 21.48m，田径场为甲级体育建筑，田径场总座位数为 9415 个；建筑共计三层，其中一层主要为检录区、运动员用房、裁判员休息室、贵宾休息室、计时计分与成绩处理室、医务室、器材库、办公室、卫生间等辅助用房及水泵房、变电所等设备用房；二层主要为新闻发布厅、记者工作区等媒体记者用房、卫生间及单层看台；三层为主看台。如图 27-2 所示。

图 27-2　田径场效果图

（1）场地照明简介

田径场的照明采用四塔方式，灯塔中间两排灯的中心线距地 40m，具体灯具数量及排布详见灯具选型及照度计算、灯具布置。

照明质量标准值符合《建筑照明设计标准》GB 50034—2013 及《体育场馆照明设计及检测标准》JGJ 153—2016 的相关规定。

照度要求：照明最高照度按足球场的 TV 转播重大国际比赛要求设计，见表 27-1 中的 V 项。

足球场地照明标准值　　　　　　　　　　　　表 27-1

等级	使用功能	照度（lx）			照度均匀度							光源		眩光指数
		E_h	E_{vmai}	E_{vaux}	U_h		U_{vmai}		U_{uaux}		R_a	T_{cp}（K）	GR
					U_1	U_2	U_1	U_2	U_1	U_2			
I	训练和娱乐活动	200	—	—	—	0.3	—	—	—	—	≥20	—	≤55
II	业余比赛、专业训练	300	—	—	—	0.5	—	—	—	—	≥80	≥4000	≤50
III	专业比赛	500	—	—	0.4	0.6	—	—	—	—	≥80	≥4000	≤50
IV	TV 转播国家、国际比赛	—	1000	750	0.5	0.7	0.4	0.6	0.3	0.5	≥80	≥4000	≤50
V	TV 转播重大国际比赛	—	1400	1000	0.6	0.8	0.5	0.7	0.3	0.5	≥90	≥5500	≤50
VI	HDTV 转播重大国际比赛	—	2000	1400	0.7	0.8	0.6	0.7	0.4	0.6	≥90	≥5500	≤50
—	TV 应急	—	1000	—	0.5	0.7	0.4	0.6	—	—	≥80	≥4000	≤50

为了保障供电的可靠性，每个灯塔自变电所低压配电室引两路电源供电，两路电源一用一备，互投自复。每个灯塔下设置一露天灯控组合柜外加一防雨罩壳，罩壳颜色应与周边环境相协调。

灯塔灯光控制方式：每个灯塔分七路控制，用户可根据训练或比赛项目对照度的不同需要，在灯控室内采用电脑调节场地灯光，灯光控制系统。

灯塔的防雷接地保护措施：整个灯塔钢结构互相焊连成可靠的电气通路，并与接地装置连通。防雷接地与电源的重复接地合一，综合接地电阻不大于 1Ω。

接地保护系统：本工程采用 TN-S 型保护系统，电源 PE 线在灯控柜处设重复接地，灯塔基础应与体育场基础接地体可靠连接。

（2）灯具选型

照明灯具采用中国著名品牌海洋王照明的专业体育场馆照明投光灯具，光源采用进口高光效高显色性金卤灯光源，可进行足球项目的彩电转播、专业比赛及专业训练。如图 27-3 所示。

图 27-3　照明灯具

1）灯具型号：2000W 金卤灯，NTC9221 投光灯。

技术参数：额定电流：5.85A/5.12A；额定电压：380/220VAC 50Hz；外形尺寸：608mm×342mm×602mm；外壳防护：IP65。

性能特点：采用超大功率高强度气体放电灯作光源，显色指数符合国际奥委会对体育场馆的设计标准，达到了彩色电视转播的技术条件和要求。

灯具采用全密封结构设计，呼吸过滤装置能够有效地平衡灯具内外的空气压力并降低灯具内的温度，从而提高灯具的使用寿命。

内部装有遮光板，可有效控制眩光，减少光污染。

采用最新表面处理技术，具有良好的防腐能力，确保在恶劣环境下可靠使用。

外壳采用优质轻合金材料制作，外壳结构经过优化设计，重量轻，强度高，具有抗强力碰撞和冲击能力。

灯具采用一体化造型设计，外形美观、线条流畅、风阻小。

人性化的后开盖设计，更换灯泡快捷方便；开盖断电保护装置极大地保证了灯具安全性。

图 27-4　高顶灯

采用座式、壁挂式、吸顶式等多种安装方式，操作简单方便；灯具两侧有调光刻度盘及瞄准结构，方便调整灯具投射角度。

2）灯具型号：400W 金卤灯，NGC9810 高顶灯（图 27-4）。

技术参数：功率因数：大于 0.9；额定电压：AC220/50Hz；外形尺寸：NGC9810 为 φ421mm×625mm；外壳防护：IP65。

性能特点：采用高显色性、高光效、长寿命的气体放电灯作光源，并通过先进的配光设计和特殊工艺处理，最大限度地提高了灯具光通量且光线柔和均匀。

通过精心的散热结构设计，实现灯具和电器一体化，外形美观，重量轻。

耐腐蚀外壳材料和表面涂层处理，确保灯具在恶劣环境中不腐蚀、不生锈。

吊环式安装，安全、简单、方便。

（3）照度计算及方案确定

1）照明模式的确定

此次田径场的灯具采用分组控制，即在不同的场合启动相应设计的灯具，以满足 TV 转播重大国际比赛、TV 转播国家、国际比赛、专业比赛、业余比赛、娱乐活动、清扫照明模式的需要。并根据场地实际情况，划分为七种模式进行照明。

田径场七种模式设计如下：

① TV 转播重大国际比赛模式；

② TV 转播国家、国际比赛模式；

③ 专业比赛模式；

④ 业余比赛模式；

⑤ 娱乐活动模式；

⑥ 清扫模式；

⑦ 观众席照明模式。

2）照明方式的确定

室外场地照明方式一般分为两种：

① 灯具在场地上空和侧面布置相结合，适用于室外多功能体育馆，水平照度与垂直照度可以兼顾。

② 灯具布置在场地外上空，以侧光为主，适用于空间较高的运动项目，好的设计可以兼顾水平照度与垂直照度及均匀度，并有效控制炫光。

田径场采用场地外上空布置灯具，具体布置方式如图 27-5 所示。

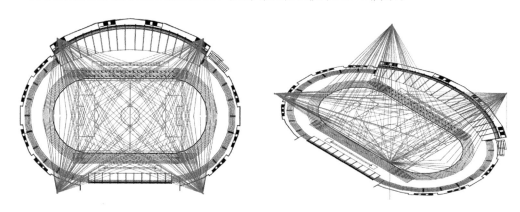

图 27-5　照明布置方式

采用四塔方式，灯塔分别位于场地东南、东北、西南、西北 4 个角，灯塔中间两排灯的中心线距地 40m。

3）照度计算

照度计算采用流明系数法简单估算灯具数量，维护系数取 0.8，详细计算采用 AGI32 专业软件模拟每个灯具的投射角度和位置，进行照度、眩光点计算，然后对灯具投射角度和位置进行调整，在满足照度需求的同时，尽可能减少眩光点。

经专业软件计算后，明确灯具数量为每个灯塔布置 48 套 NTC9221 投光灯及 12 套 NGC9810 高顶灯。

计算结果详见表 27-2。

表 27-2

田径场照度计算表

田径场地照明设计结果

等级	使用功能	照度 (lx)						照度均匀度												数量及功率
		E_h		E_{vmai} (CAM1)		B_{vaux} (CAM2)		U_h				U_{vmai} (CAM1)				U_{vaux} (CMA2)				场地灯具
								U1		U2		U1		U2		U1		U2		
		标准	设计值	标准	设计值	标准	设计值	标准	设计值	标准	设计值	标准	设计值	标准	设计值	标准	设计值	标准	设计值	
1	TV转播国际重大比赛	—	1596	1400	1454	1000	1306	0.6	0.71	0.8	0.87	0.5	0.59	0.7	0.73	0.3	0.40	0.5	0.53	192套* 2000W NTC9221
2	TV转播国家、国际比赛	—	1182	1000	1083	750	968	0.5	0.68	0.7	0.86	0.4	0.59	0.6	0.72	0.3	0.43	0.5	0.60	156套* 2000W NTC9221
3	专业比赛模式	500	565	—	—	—	—	0.4	0.56	0.6	0.69	—	—	—	—	—	—	—	—	80套* 2000W NTC9221
4	业余比赛模式	300	361	—	—	—	—	—	—	0.5	0.53	—	—	—	—	—	—	—	—	36套* 2000W NTC9221
5	娱乐活动模式	200	246	—	—	—	—	—	—	0.3	0.56	—	—	—	—	—	—	—	—	24套* 2000W NTC9221
6	清扫模式	—	130	—	—	—	—	—	—	—	—	—	—	—	—	—	—	—	—	12套* 2000W NTC9221
7	观众席照明	200	223	—	—	—	—	—	—	—	—	—	—	—	—	—	—	—	—	48套* 400W NTC9810

	眩光指数 R_a	显色指数 R_a	色温 T_k
标准	≤50	≥90	≥5500
设计值	<50	≥90	≥6000

说明：本照明方案依据中华人民共和国行业标准《体育场馆照明设计及检测标准》JGJ 153—2016 进行设计。

安装完成后对各灯具角度进行调整并对各项指标进行了测试，结果均满足或高于设计要求。

（4）重难点分析

作为全运会的比赛场地之一，按照电视转播的标准进行设计，照明要求非常高，单个灯具功率2000W，灯具重量较大，每个灯塔布置60套灯具，灯杆的承重安全问题成为重点考虑的问题。如图27-6所示。

解决方法：

1）灯具选用分体式，灯头固定在灯杆上方，镇流器安装在灯杆下方箱体内；

2）灯具的触发器在灯头位置，保证灯头和镇流器分体安装后能正常触发点亮。

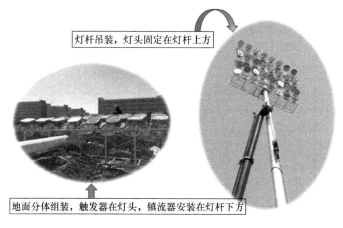

图27-6　灯具组装方式

（5）实景效果（图27-7）

图27-7　田径场专业照明实施效果

3. 国际网球中心半决赛场专业场地照明

天津国际网球中心始建于2010年6月，于2013年落成，占地19.5万 m²，位于天津市静海区团泊新城西区。如图 27-8 所示。

图 27-8　国际网球中心半决赛场

其中半决赛场建筑面积 16155.1m²，地上 12742.68m²，地下 3412.42m²，建筑高度 21.3m，属于甲级体育建筑，结构形式为框架剪力墙体系＋钢结构，座席规模 4000 个。赛场场地长 23.77m，宽 10.97m；观众座席 3092 个，主席台座位 174 个；附属设施包括：运动员休息室、裁判员休息室、贵宾室等，具备 IT 网络。

2013 年投入使用至 2014 年 10 月，天津国际网球中心已承办了东亚运动会网球比赛及保龄球比赛、2013ITF 国际男子网球巡回赛、2014ITF 国际女子网球巡回赛、2014 天津 WTA 国际网球挑战赛、2014ITF 国际青少年网球巡回赛等众多国际赛事。

（1）场地照明简介

天津国际网球中心半决赛场的照明采用侧向布灯方式，灯具在场地上方沿马道环形布置，在场地上方环形设置一圈主马道；场地照明的大功率金卤灯、观众席照明灯均布置在马道上。灯具投射角度控制在 65°以内，每个灯具瞄准点至少有来自三个方向照明光线，具体灯具数量及排布详见灯具选型及照度计算、灯具布置。

照明质量标准值符合《建筑照明设计标准》GB 50034—2013 及《体育场馆照明设计及检测标准》JGJ 153—2016 的相关规定。

照度要求：照明最高照度按网球场的 HDTV 转播重大国际比赛要求设计，见表 27-3 中的 Ⅵ 项。

网球场地照明标准值　　　　表 27-3

等级	使用功能	照度（lx）			照度均匀度						光源		眩光指数	
		E_h	E_{vmai}	E_{vaux}	U_h		U_{vmai}		U_{uaux}		R_a	T_{cp} (K)	GR	
					U_1	U_2	U_1	U_2	U_1	U_2			室外	室内
Ⅰ	训练和娱乐活动	300	—	—	—	0.5	—	—	—	—	≥65	—	≤55	≤35
Ⅱ	业余比赛、专业训练	500/300	—	—	0.4/0.3	0.6/0.5	—	—	—	—	≥65	≥4000	≤50	≤30
Ⅲ	专业比赛	750/500	—	—	0.5/0.4	0.7/0.6	—	—	—	—	≥65	≥4000	≤50	≤30

续表

等级	使用功能	照度（lx）			照度均匀度						光源		眩光指数	
		E_h	E_{vmai}	E_{vaux}	U_h		U_{vmai}		U_{uaux}		R_a	T_{cp} (K)	GR	
					U_1	U_2	U_1	U_2	U_1	U_2			室外	室内
Ⅳ	TV转播国家、国际比赛	—	1000/750	750/500	0.5/0.4	0.7/0.6	0.4/0.3	0.6/0.5	0.3/0.3	0.5/0.4	≥80	≥4000	≤50	≤30
Ⅴ	TV转播重大国际比赛		1400/1000	1000/750	0.6/0.5	0.8/0.7	0.5/0.3	0.7/0.5	0.3/0.4	0.5	≥90	≥5500	≤50	≤30
Ⅵ	HDTV转播重大国际比赛		2000/1400	1400/1000	0.7/0.6	0.8/0.8	0.6/0.4	0.7/0.6	0.4/0.3	0.6/0.5	≥90	≥5500	≤50	≤30
—	TV应急		1000/750	—	0.5/0.4	0.7/0.6	0.4/0.3	0.6/0.5	—	—	≥80	≥4000	≤50	≤30

　　为了供电的可靠性，由双路市电供电，大型赛事和活动可租赁临时柴油发电机为其中的50%体育照明提供备用电源。由2路市电供电灯具投射到场地的灯光均匀分布全场，当任一路电源发生故障时，仍有50%体育照明不受其影响，可保证比赛电视转播的正常进行。

　　场地上任一点均有来自三相分别供电的灯具的光线，抑制频闪。

　　（2）灯具选型

　　照明灯具采用著名品牌飞利浦照明的专业体育场馆照明投光灯具，光源采用进口高光效高显色性金卤灯光源，可进行网球项目的彩电转播、专业比赛及专业训练。

　　1）灯具型号：1000W金卤灯，MVF403-1000W（图27-9）。

图27-9　1000W金卤灯

　　技术参数：线频率：50Hz；电源电压：220～240V；灯泡功率：1000 W；外形尺寸：556mm×250mm×535mm；外壳防护：IP65。

　　性能特点：

　　独特椭圆形光学系统配合新型MHN-LA1000光源，保证整体效率具有高的可靠性，低炫光和最佳的照明水平，风阻系数小，重量轻。

　　7种不同配光的椭圆形反射器，能满足各种应用的要求，并有调光刻度板，配光效果更好，效率更高。

　　内置反射器减少溢光和炫光。

　　背后开启更换光源，附安全开关，维护更方便，防水防尘等级IP65，无需内部清洁。

　　为了使配光得到最佳控制，光源位置在灯具中由机械夹固定。

　　2）灯具型号：400W金卤灯，MMF383（图27-10）。

　　技术参数：光源功率：400W；额定电压：220V；外形尺寸：470mm×463mm×175mm；外壳防护：IP65。

性能特点：一系列紧凑且坚固的泛光灯，配备集成式控制装置，特别适合采用金卤灯或高压钠灯的表面照明。其结构适应各种气候条件，且易于清洁，便于快速维修。

3）灯具型号：1000W 金卤灯，QVF137（图 27-11）。

图 27-10　400W 金卤灯　　　　　图 27-11　1000W 金卤灯

技术参数：光源功率：1000W ；额定电压 ：220V；外形尺寸：136mm×180mm×100mm；外壳防护：IP65。

性能特点：外形紧凑，坚固耐用的泛光灯。它重量轻，外壳采用压铸铝，覆以防腐蚀粉末涂层。高等级阳极氧化反射镜可为上照和下照应用提供高效光束，易于更换光源，从后部可进行电源连接。

（3）照度计算及方案确定

1）照明模式的确定：网球半决赛场地的灯具采用分组控制，即在不同的场合启动相应设计的灯具，以满足 HDTV 转播重大国际比赛、TV 转播重大国际比赛、TV 转播国家、国际比赛、专业比赛、业余比赛、训练和娱乐活动照明模式的需要。并根据场地实际情况，划分为六种模式进行照明。

六种模式设计如下：

① HDTV 转播重大国际比赛模式；

② TV 转播重大国际比赛模式；

③ TV 转播国家、国际比赛模式；

④ 专业比赛模式；

⑤ 业余比赛模式；

⑥ 训练和娱乐活动模式。

2）照明方式的确定

合理的布灯设计对于提高照度均匀度、立体感、降低眩光、满足训练及各种比赛的照明要求显得十分重要，常见的布灯方式有直接照明和间接照明。

结合本馆圆形钢网架结构的特点，采用了侧向布灯方式，灯具采用场地上方沿马道环形布置方式，在场地上方环形设置一圈主马道；场地照明的灯具每 5～8 套为一组，每组间距 8～10m 布置在马道上，灯具安装高度 17.3m。为保证场地的照度的均匀度和立体感，灯具按计算的瞄准点调整角度，使之达到最优的照明指标。

具体布置方式如图 27-12 所示。

灯具安装方式为吊装，详见节点示意图，如图 27-13 所示。

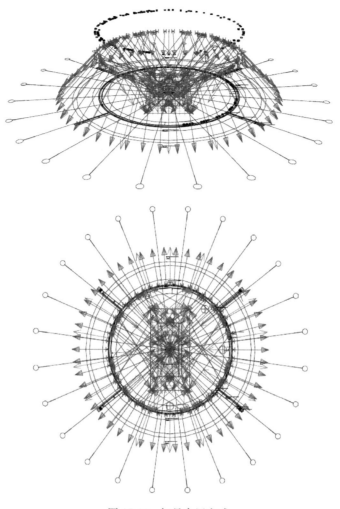

图 27-12 灯具布置方式

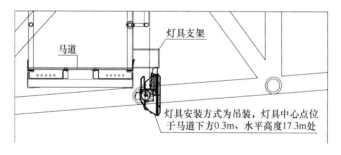

图 27-13 灯具安装节点示意图

3）照度计算：

照度计算采用流明系数法简单估算灯具数量，维护系数取 0.8，详细计算采用 AGI32 专业软件模拟每个灯具的投射角度和位置，进行照度、眩光点计算，然后对灯具投射角度和位置进行调整，在满足照度需求的同时，尽可能减少眩光点。

经专业软件计算后明确灯具数量 MVF403，80 套；MMF383，50 套；QVF137，28 套。

计算结果详见表 27-4。

照度计算表　　　　　　表 27-4

序号	模式		单位	平均照度	最小值/平均值	最小值/最大值
1	HDTV 转播国际 PA-Eh	HDTV 转播重大国际比赛模式	lx	3284	0.95	0.84
2	HDTV 转播国际 TA-Eh	HDTV 转播重大国际比赛模式	lx	3288	0.82	0.61
3	HDTV 转播国际 PA-Ev 主摄像	HDTV 转播重大国际比赛模式	lx	2068	0.82	0.64
4	HDTV 转播国际 TA-Ev 主摄像	HDTV 转播重大国际比赛模式	lx	1982	0.6	0.41
5	HDTV 转播国际 PA-Ev 辅摄像	HDTV 转播重大国际比赛模式	lx	2285	0.64	0.44
6	HDTV 转播国际 TA-Ev 辅摄像	HDTV 转播重大国际比赛模式	lx	1990	0.53	0.32
7	CTV 网球 TPA_Eh	TV 转播重大国际比赛模式	lx	2681	0.75	0.59
8	CTV 网球 TPA_Ev 主摄像	TV 转播重大国际比赛模式	lx	1741	0.64	0.42
9	CTV 网球 TPA_Ev 辅摄像	TV 转播重大国际比赛模式	lx	1690	0.57	0.35
10	CTV 网球 PPA_Eh	TV 转播重大国际比赛模式	lx	2762	0.9	0.82
11	CTV 网球 PPA_Evx	TV 转播重大国际比赛模式	lx	1653	0.69	0.52
12	CTV 网球 PPA_Evy	TV 转播重大国际比赛模式	lx	1280	0.85	0.71
13	CTV 网球 PPA_Ev 主摄像	TV 转播重大国际比赛模式	lx	1836	0.74	0.54
14	CTV 网球 PPA_Ev 辅助摄像 1	TV 转播重大国际比赛模式	lx	1883	0.68	0.47
15	CTV 网球 PPA_Ev 辅助摄像 2	TV 转播重大国际比赛模式	lx	1512	0.67	0.43
16	CTV 转播国家 TA-Ev 主摄像	TV 转播国家、国际比赛模式	lx	1184	0.53	0.35
17	CTV 转播国家 TA-Ev 辅摄像	TV 转播国家、国际比赛模式	lx	1126	0.53	0.35
18	CTV 转播国家 PA-Ev 主摄像	TV 转播国家、国际比赛模式	lx	1334	0.7	0.51
19	CTV 转播国家 PA-Ev 辅摄像	TV 转播国家、国际比赛模式	lx	1319	0.62	0.47
20	CTV 转播国家 TA-Eh	TV 转播国家、国际比赛模式	lx	1812	0.71	0.56
21	CTV 转播国家 PA-Eh	TV 转播国家、国际比赛模式	lx	1915	0.89	0.79
22	专业比赛 PA	专业比赛模式	lx	844	0.73	0.51
23	专业比赛 TA	专业比赛模式	lx	769	0.63	0.4
24	业余比赛和专业训练 PA	业余比赛模式	lx	597	0.6	0.43
25	业余比赛和专业训练 TA	业余比赛模式	lx	457	0.56	0.31
26	训练和娱乐活动	训练和娱乐活动模式	lx	395	0.54	0.43

计算得出来的结果均能满足国标要求。安装完成后对各项指标进行了测试，结果均满足或高于设计要求。

（4）重难点分析

照明灯具于场馆上空马道上均匀布置，马道呈弧形，灯具安装固定在马道侧面，支架安装固定难度高。

解决方法：适当调整改变安装方式。原支架孔位设计单一，固定复杂。调整支架，支架孔位采用长槽孔位，便于支架微调固定。如图 27-14 所示。

（5）实景效果（图 27-15）

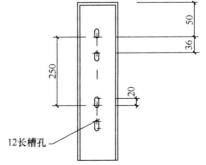

图 27-14　支架长槽位图

图 27-15　实施效果图

4. 室内田径馆专业场地照明

天津健康产业园室内田径场馆，其场馆内设置有专业 200m 田径跑道，是国内为数不多的室内专业田径赛场，其建筑高度为 24m。如图 27-16 所示。

图 27-16　田径馆

（1）场地照明简介

照明质量标准值符合《建筑照明设计标准》GB 50034—2013《体育场馆照明设计及检测标准》JGJ 153—2016 的相关规定。

照度要求：照明最高照度按田径场地的业余比赛、专业训练要求设计。见表 27-5 中的 Ⅱ 项。

场地照明标准值　　　　　　　　　　　　　　　　　表 27-5

等级	使用功能	照度（lx）			照度均匀度						光源		眩光指数
		E_h	E_{vmai}	E_{vaux}	U_h		U_{vmai}		U_{uaux}		R_a	T_{cp}（K）	GR
					U_1	U_2	U_1	U_2	U_1	U_2			
I	训练和娱乐活动	200	—	—	—	0.3	—				≥20	—	≤55
II	业余比赛、专业训练	300	—	—	—	0.5	—				≥80	≥4000	≤50

续表

等级	使用功能	照度（lx）			照度均匀度							光源		眩光指数
		E_h	E_{vmai}	E_{vaux}	U_h		U_{vmai}		U_{uaux}			R_a	T_{cp} (K)	GR
					U_1	U_2	U_1	U_2	U_1	U_2				
Ⅲ	专业比赛	500	—	—	0.4	0.6	—	—	—	—		≥80	≥4000	≤50
Ⅳ	TV 转播国家、国际比赛	—	1000	750	0.5	0.7	0.4	0.6	0.3	0.5		≥80	≥4000	≤50
Ⅴ	TV 转播重大国际比赛	—	1400	1000	0.6	0.8	0.5	0.7	0.3	0.5		≥90	≥5500	≤50
Ⅵ	HDTV 转播重大国际比赛	—	2000	1400	0.7	0.8	0.6	0.7	0.4	0.6		≥90	≥5500	≤50
—	TV 应急	—	750	—	0.5	0.7	0.3	0.5	—	—		≥80	≥4000	≤50

（2）灯具选型

照明灯具采用中国著名品牌海洋王照明的专业体育场馆照明投光灯具，光源采用进口高光效高显色性金卤灯光源，可进行田径项目的业余比赛及专业训练。

1）灯具型号：1000W 金卤灯，NTC9250 投光灯（图 27-17）。

2）技术参数：功率：1000W；额定电压：220VAC，50Hz；防腐等级：WF2；外形尺寸：601mm×425mm×414mm；外壳防护：IP65。

3）性能特点：采用高效气体放电灯作光源，灯泡使用寿命长，特别适合户内大面积无人看守照明。

先进的配光设计和特殊工艺处理，提高了光线的利用率，且光线柔和均匀。

采用轻质合金材料和高科技喷涂技术，防尘防水、耐腐蚀，可在高温潮湿等恶劣环境下长期使用。

具有良好的电磁兼容性，不会周边环境造成电磁干扰。

图 27-17　金卤灯 1000W

灯具附有刻度板，方便调整照射角度，灯具备有红外瞄器的安装接口，适合场馆照明等精度要求较高的投射角设置。

（3）照度计算及方案确定

1）照明模式的确定：室内田径馆的灯具采用分组控制，即在不同的场合启动相应设计的灯具，满足业余比赛、训练和娱乐活动照明模式的需要，并根据场地实际情况，划分为两种模式进行照明。设计如下：

① 业余比赛、专业训练模式；

② 训练和娱乐活动模式。

2）照明方式的确定

田径馆采用了侧向布灯方式，灯具固定于密集钢桁架内。

具体布置方式如图 27-18 所示。

3）照度计算

照度计算采用流明系数法简单估算灯具数量，维护系数取 0.8，详细计算采用 AGI32

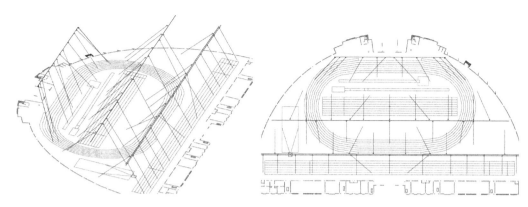

图 27-18　灯具布置方式示意图

专业软件模拟每个灯具的投射角度和位置，进行照度、眩光点计算，然后对灯具投射角度和位置进行调整，在满足照度需求的同时，尽可能减少眩光点。

经专业软件计算后明确灯具数量 NTC9250，53 套。

计算结果详见表 27-6。

照度计算表　　　　　　　　　　　　　　　　　　　表 27-6

模式	使用功能		E_h		U_h				场地灯具数量及功率
					U_1		U_2		
			标准	设计值	标准	设计值	标准	设计值	
1	训练及娱乐活动	田径场	200	242.99	—	0.53	0.3	0.72	37 套×1000W
		跑道		211.79		0.69		0.85	
2	业余比赛、专业训练	田径场	300	325.58	0.4	0.58	0.6	0.74	53 套×1000W
		跑道		332.9		0.59		0.75	

计算得出来的结果均能满足国标要求。安装完成后对各项指标进行了测试，结果均满足或高于设计要求。

（4）重难点分析

桁架密度高，灯具安装位置难度大，影响灯具投射。

解决方法：

1）错开桁架密度高的位置，改变支架安装方式，采用"L"形支架，如图 27-19 所示；

2）采用"L"形支架，背面开孔与使用"U"形抱箍配合使用。

（5）实景效果（图 27-20）

图 27-19　L 形支架

图 27-20 田径馆实施效果

5. 综合体育馆专业场地照明

综合体育馆为甲级体育建筑，总座位数为 5008 个，体育馆一层为设备用房，更衣室、淋浴间、办公室等配套用房及比赛厅，北区为训练厅；看台层主要功能为观众厅、小卖部、卫生间、设备机房、观众看台、主席台，北区二层和三层为训练馆配套办公及设备用房。

此体育馆承接 2017 年全运会击剑比赛。如图 27-21 所示。

图 27-21 体育馆

（1）场地照明简介

综合体育馆的照明采用侧向布灯方式，灯具安装在马道两侧分别为赛场及观众席服务，具体灯具数量及排布详见灯具选型及照度计算、灯具布置。

照明质量标准值符合《建筑照明设计标准》GB 50034—2013 及《体育场馆照明设计及检测标准》JGJ 153—2016 的相关规定。

照度要求：照明最高照度按篮球场地的 TV 转播重大国际比赛要求设计，见表 27-7 中的Ⅴ项。

篮球、排球场地照明标准值 表 27-7

等级	使用功能	照度（lx）			照度均匀度						光源		眩光指数
		E_h	E_{vmai}	E_{vaux}	U_h		U_{vmai}		U_{uaux}		R_a	T_{cp} (K)	GR
					U_1	U_2	U_1	U_2	U_1	U_2			
Ⅰ	训练和娱乐活动	300	—	—	—	0.3	—	—	—	—	≥65	—	≤35

续表

等级	使用功能	照度（lx）			照度均匀度						光源		眩光指数
		E_h	E_{vmai}	E_{vaux}	U_h		U_{vmai}		U_{uaux}		R_a	T_{cp} (K)	GR
					U_1	U_2	U_1	U_2	U_1	U_2			
Ⅱ	业余比赛、专业训练	500	—	—	0.4	0.6					≥65	≥4000	≤30
Ⅲ	专业比赛	750	—	—	0.5	0.7					≥65	≥4000	≤30
Ⅳ	TV 转播国家、国际比赛	—	1000	750	0.5	0.7	0.4	0.6	0.3	0.5	≥80	≥4000	≤30
Ⅴ	TV 转播重大国际比赛	—	1400	1000	0.6	0.8	0.5	0.7	0.3	0.5	≥80	≥4000	≤30
Ⅵ	HDTV 转播重大国际比赛	—	2000	1400	0.7	0.8	0.6	0.7	0.4	0.6	≥90	≥5500	≤30
—	TV 应急		750		0.5	0.7	0.3	0.5			≥80	≥4000	≤30

注：1　篮球：背景材料的颜色和反射比应避免混乱、球篮区域上方应无高亮度区。
　　2　排球：在球网附近区域及主运动方向上应避免对运动员造成眩光。

为了保障供电的可靠性，照明供电自变电所低压配电室引两路电源供电，两路电源一用一备，互投自复。

（2）灯具选型

图 27-22　1000W 金卤灯

照明灯具采用著名品牌飞利浦照明的专业体育场馆照明投光灯具，光源采用进口高光效、高显色性金卤灯光源，灯具防护等级 IP65，能有效防止灰尘、污染物，有接地装置，一类电气绝缘，灯具配有水平和垂直方向的刻度调整。

1）灯具型号：1000W 金卤灯，MVF403-1000W（图 27-22）。

技术参数：线频率：50Hz；电源电压：220～240V；灯泡功率：1000W；外形尺寸：556mm×250mm×535mm；外壳防护：IP65。

性能特点：独特椭圆形光学系统配合新型 MHN-LA1000 光源，保证整体效率具有高的可靠性，低炫光和最佳的照明水平，风阻系数小，重量轻。7 种不同配光的椭圆形反射器，能满足各种应用的要求，并有调光刻度板，配光效果更好，效率更高，内置反射器减少溢光和炫光。背后开启更换光源，附安全开关，维护更方便，防水防尘等级 IP65，无需内部清洁。

为了使配光得到最佳控制，光源位置在灯具中由机械夹固定。

2）灯具型号：400W 金卤灯，MMF383（图 27-23）。

技术参数：光源功率：400W；额定电压：220V；外形尺寸：470mm×463mm×175mm；外壳防护：IP65。

性能特点：一系列紧凑且坚固的泛光灯，配备集成式控制装置，特别适合采用金卤灯或高压钠灯的表面照明。其结构适应各种气候条件，且易于清洁，便于快速维修。

（3）照度计算及方案确定

1）照明模式的确定

此次综合体育馆的灯具采用分组控制，即在不同的场合启动相应设计的灯具，以满足 TV 转播重大国际比赛、TV 转播国

图 27-23　400W 金卤灯

家、国际比赛、专业比赛、业余比赛、娱乐活动、清扫照明模式的需要，并根据场地实际情况，划分为 7 种模式进行照明。

体育馆 7 种模式设计如下：

① TV 转播重大国际比赛模式；

② TV 转播国家、国际比赛模式；

③ 专业比赛模式；

④ 业余比赛模式；

⑤ 娱乐活动模式；

⑥ 清扫模式；

⑦ 观众席照明模式。

2）照明方式的确定

体育馆采用侧向布灯方式，场地上空及侧面共计 4 条马道，灯具均匀布置在马道上，调整角度分别为赛场和观众席服务，具体布置平面图、照射角度示意图和安装节点如图 27-24～图 27-26 所示。

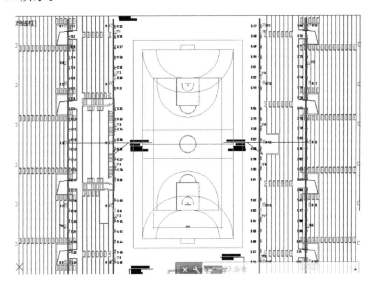

图 27-24　灯具布置平面图

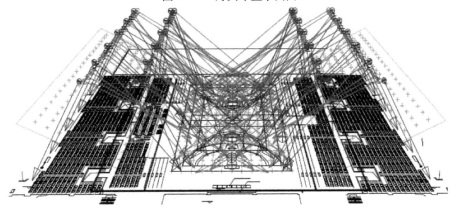

图 27-25　灯光照射角度示意图

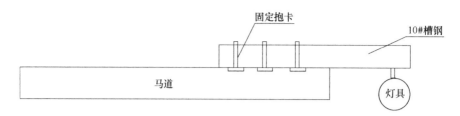

图 27-26 灯具安装节点图

3）照度计算

照度计算采用流明系数法简单估算灯具数量，维护系数取 0.8，详细计算采用 AGI32 专业软件模拟每个灯具的投射角度和位置，进行照度、眩光点计算，然后对灯具投射角度和位置进行调整，在满足照度需求的同时，尽可能减少眩光点。

经专业软件计算后明确灯具数量为 MVF403-1000W，92 套；MMF383-400W，28 套。

计算结果详见表 27-8。

照度计算表 表 27-8

序号	模式	单位	平均照度	最小/平均	最小/最大
1	手球核心区 HDTV-Eh	lx	2761	0.85	0.69
2	手球核心区 HDTV-Ev 主摄像机	lx	1737	0.69	0.53
3	手球核心区 HDTV-Ev 辅摄像机 1	lx	1066	0.62	0.42
4	篮球核心区 HDTV-Eh	lx	2867	0.87	0.73
5	篮球核心区 HDTV-Ev 主摄像机	lx	1819	0.77	0.62
6	篮球核心区 HDTV-Ev 辅摄像机 1	lx	1065	0.62	0.42
7	排球核心区 HDTV-Eh	lx	2099	0.92	0.85
8	排球核心区 HDTV-Ev 主摄像机	lx	1875	0.71	0.6
9	排球核心区 HDTV-Ev 辅摄像机 1	lx	1066	0.88	0.78
10	观众席 1	lx	407	0.32	0.28
11	观众席 2	lx	365	0.33	0.24
12	清扫	lx	57.9	0.79	0.69

图 27-27 体育馆照明实景图

安装完成后对各灯具角度进行调整并对各项指标进行了测试，结果均满足或高于设计要求。

（4）实景效果（图 27-27）

6. 排球训练馆专业场地照明

中国排球学院的排球馆位于天津健康产业园，排球馆主要功能内容：一层为体能训练房；二层为办公、会议以及空调机房等辅助用房；三层为排球训练馆及办公等辅助用房。如图 27-28 所示。

图 27-28　排球馆

（1）场地照明简介

照明质量标准值符合《建筑照明设计标准》GB 50034—2013 及《体育场馆照明设计及检测标准》JGJ 153—2016 的相关规定。

照度要求：照明最高照度按排球场地的业余比赛、专业训练要求设计。见表 27-9 中的Ⅱ项。

篮球、排球场地照明标准　　　　　　　　　　　　　　　　　　表 27-9

等级	使用功能	照度（lx）			照度均匀度						光源		眩光指数
					U_h		U_{vmai}		U_{uaux}		R_a	T_{cp} (K)	GR
		E_h	E_{vmai}	E_{vaux}	U_1	U_2	U_1	U_2	U_1	U_2			
Ⅰ	训练和娱乐活动	300	—	—	—	0.3	—	—	—	—	≥65	—	≤35
Ⅱ	业余比赛、专业训练	500	—	—	0.4	0.6	—	—	—	—	≥65	≥4000	≤30
Ⅲ	专业比赛	750	—	—	0.5	0.7	—	—	—	—	≥65	≥4000	≤30

（2）灯具选型

照明灯具采用著名品牌飞利浦照明的专业体育场馆照明投光灯具，光源采用进口高光效高显色性金卤灯光源，可进行排球等项目的业余比赛及专业训练。

灯具型号：400W 金卤灯，MMF383（图 27-29）。

技术参数：光源功率：400W；额定电压：220V；外形尺寸：470mm×463mm×175mm，外壳防护：IP65。

性能特点：一系列紧凑且坚固的泛光灯，配备集成式控制装　图 27-29　400W 金卤灯置，特别适合采用金卤灯或高压钠灯的表面照明。其结构适应各种气候条件，且易于清洁，便于快速维修。

（3）照度计算及方案确定

1）照明模式的确定：排球训练场地的灯具采用分组控制，即在不同的场合启动相应设计的灯具，以满足业余比赛、训练和娱乐活动照明模式的需要，并根据场地实际情况，划分为两种模式进行照明。设计如下：

① 业余比赛、专业训练模式；

② 训练和娱乐活动模式。

2）照明方式的确定

室内排球场采用了侧向布灯，即灯具在场地上方两侧均匀布置，适用于低空运动项目，但垂直照度低，适用于一般训练馆。

具体布置方式如图 27-30 所示。

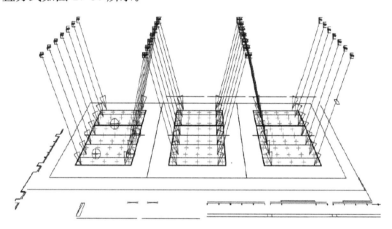

图 27-30　灯具布置及灯光照射角度示意图

3）照度计算

照度计算采用流明系数法简单估算灯具数量，维护系数取 0.8，详细计算采用 AGI32 专业软件模拟每个灯具的投射角度和位置，进行照度、眩光点计算，然后对灯具投射角度和位置进行调整，在满足照度需求的同时，尽可能减少眩光点。

经专业软件计算后明确灯具数量 MMF383，126 套。如图 27-31 所示。

计算结果详见表 27-10。

照度计算结果　　　　　　　　　　　　　　　　　　　表 27-10

场地	单位	平均值	最大值	最小值	最小值/平均值	最小值/最大值
场地 1	lx	536	725	326	0.61	0.45
场地 2	lx	615	724	418	0.68	0.58
场地 3	lx	546	700	353	0.65	0.5

计算得出来的结果均能满足国标要求。安装完成后对各项指标进行了测试，结果均满足或高于设计要求。

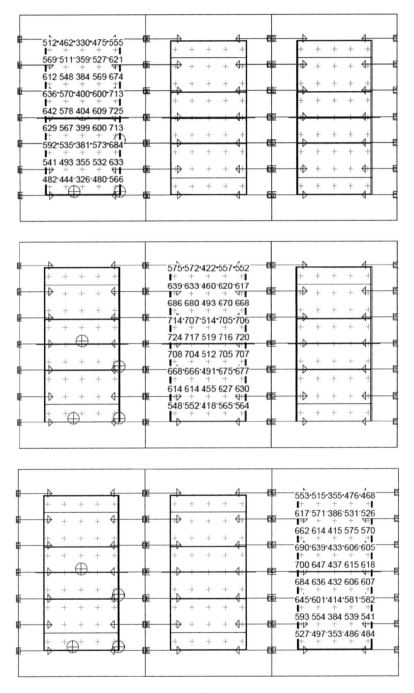

图 27-31　照度计算图

（4）重难点分析

灯具安装部位未设置马道，故桥架及灯具只能吊装，但灯具安装高度距顶板距离过大，采用吊杆吊装无法保证灯具安装质量。

解决方法：单独深化设计灯具固定支架，兼顾桥架与灯具的安装，使之稳固、可靠。如图 27-32 所示。

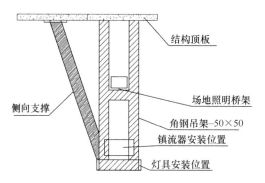

图 27-32　灯具支架示意图

（5）实景效果（图 27-33）

图 27-33　排球馆照明实景图

第二十八章　专业游泳池水处理技术

1. 系统介绍

天津健康产业园区内的标准游泳馆为国际标准泳池，分为竞赛池和训练池，如图 28-1 所示竞赛池长 50m，宽 25m，全池水深 2.2m，共计 2750m³；训练池长 25m，宽 16m，全池水深 2.2m，共计 880m³。竞赛池和训练池分别配备水处理系统。游泳池水处理系统循环方式均为逆流式，日补水量分别为 138m³ 和 44m³；竞赛池和训练池配备均衡水池调节容积为 72.5m³ 和 38m³；游泳馆各项建设指标均达到国际游泳比赛标准，泳池水温达到比赛温度，为 26℃±1℃，初次充水和加热时间均小于 48h；游泳馆泳池消毒方式为臭氧消毒，臭氧反应参数（C_t 值）大于 1.6；过滤设备采用不锈钢罐石英砂过滤；池水加热热源采用板式换热器换热方式，并且通过"泳池管家"智能控制系统对泳池的水质监控及操作处理。游泳馆先进的水处理设备使水质的各项指标均满足国家规范要求。

图 28-1　泳池照片

依据《游泳池给水排水工程技术规程》CJJ 122—2017，针对游泳馆水处理设备工程的特点，本着为顾客服务的原则，全面开展深化设计。在满足设计和使用的前提下，力求设计使水处理系统更科学合理、安全可靠、节能环保，运行管理简单、便捷。

深化设计内容包括对图纸深化设计及水处理工艺优化两部分。

图纸深化部分从系统优化、管线排布等方面着手；水处理工艺优化为在现有的工艺基础上，结合工程实际，选取适当的水处理设备，使处理后的水质达到循环使用的标准。

2. 技术工艺

（1）水处理设备及工艺流程（图 28-2）

（2）泳池水加热

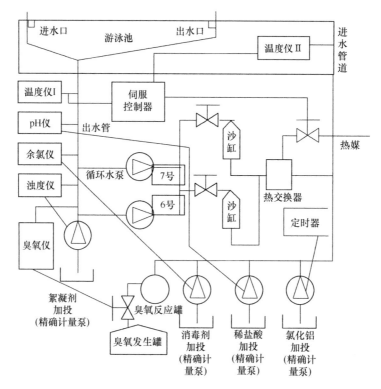

图 28-2　水处理工艺流程

竞赛池和训练池目标水温为 $26\sim28℃$，需要满足泳池初次加热及维持温度的热媒。通过控制循环干管上阀门的开启程度，使循环水的 25% 分流进入换热单元换热，其余 75% 未经换热器的循环水混合的分流加热方式，分流热水最高加热温度不得高于 $40℃$，换热单元通过温度传感器，自动控制热媒的供给。

（3）循环工艺

该泳池全部采用逆流循环方式，池底给水，水体以分流的方式进入溢流沟，通过溢流管道进入水处理机房内的均衡水池，并通过设备进行循环、过滤、消毒、加热恒温，这样有效地保证无死水区，保证水面的干净卫生，使得水质清澈透明。

这种循环有如下特点：

1）能有效去除集聚在池水表面的脏污杂质，能将净化过的水送到游泳池的每个部位和从它的表面排除受污染最严重的表面水；

2）池底均匀布置给水口能满足池内水流均匀，防止出现涡流、短流和死水区等现象；

3）能均匀有效地使被净化处理的洁净水有序交换，更新池内尚未再次净化处理的水，提高池水净化处理效果；

4）保证不同水层、不同部位的池内水质（洁净度、消毒余量、pH 值和水温等）均匀；

5）池底沉积污染物质极少。

目前，竞赛游泳池、训练游泳池和俱乐部游泳池等均采用这种循环水流组织方式。

该游泳馆竞赛池配备 4 台循环水泵，三用一备，反冲洗两用；训练池配备 3 台循环水泵，二用一备，反冲洗一用。如图 28-3 所示。竞赛池和训练池循环周期均为 5h，循环流量分别为 578m³ 和 185m³，日补水量分别为 138m³ 和 44m³。

（4）投药工艺

游泳池水投药设有 pH 值调节剂和长效消毒剂自动加药装置，采用计量泵自动精密投加方式。如图 28-4 所示。

图 28-3　循环设备

图 28-4　投药装置

絮凝剂选用聚合氯化铝，最大投加量为 2mg/L，投加浓度为 10%，定量连续投加。

长效消毒剂选用次氯酸钠溶液，最大投加量为 2mg/L，投加浓度为 5%，投加量由 ORP 传感器控制自动控制。

pH 值调整剂选用稀盐酸、碳酸钠或碳酸氢钠，当使用稀盐酸时，溶液浓度不得超过 3%；当使用碳酸钠或碳酸氢钠时，溶液浓度不得超过 1~5mg/L；投加量由 pH 传感器控制自动投加。

（5）絮凝及沉淀工艺

絮凝工艺是向水中投加絮凝剂——聚合氯化铝，采用 5% 溶液湿式投加，投加量为 1~3mg/L。药剂与水通过某种混合设施快速均匀地混合，使混凝剂对水中的胶体粒子产生电性中和、吸附架桥和卷扫作用，使胶体颗粒互相聚合，在絮凝设施中形成肉眼可见的大的密实絮凝体。由于混凝剂的作用主要是用来沉降悬浮在水中的各种细小的杂质，提高过滤的效率，所以混凝剂的投入一般应在过滤罐的前面管道中加入，其加入的方法一般是先将固体混凝剂溶解于药桶中，搅拌均匀稀释成一定浓度的溶液之后，再用计量泵加入到循环过滤罐的吸水管道内。

水中悬浮颗粒依靠重力作用，从水中分离出来的过程称为沉淀。原水经投药、混合絮凝后，水中悬浮杂质形成粗大的絮凝体，在沉淀池中分离出来以完成澄清的作用。

（6）过滤工艺

过滤器均采用石英砂压力过滤器，竞赛池配备 5 台立式石英砂过滤罐，过滤器采用单层石英砂滤料，粒径 0.5~0.8mm，滤料厚度大于 700mm；过滤面积 5.3m²/台，过滤速度 25~30m/h，出水后浊度小于 0.2FTU；过滤器由压力与时间控制其反冲洗。训练池配备 2 台立式石英砂过滤罐，过滤器采用单层石英砂滤料，粒径 0.5~0.8mm，滤料厚度大于 700mm；过滤面积 4.5m²/台，过滤速度小于 25m/h，出水后浊度小于 0.2FTU；过滤器由压力与时间控制其反冲洗。

泳池均采用压力过滤器，其与重力过滤器的主要区别在于：压力过滤器因为压力的存在可以采用较长的反冲洗周期，也可以保持较高的滤速。过滤器的运行过程主要由过滤和反冲洗两个过程交替循环进行。当含有污染物或杂质的原水在一定的压力下通过一定厚度的滤层时，水中污染物或杂质就被过滤介质截留或吸附，因而得到净化，变成满足一定要求的清水；而被截留或吸附在过滤介质上的污染物在一定的周期不断被清除以后，整个系统就能维持连续运行。这样，原水不断地被送入过滤器，经净化后变成清水不断地流出过滤器进入系统。过滤是生产清水的过程，当原水通过进水管和布水系统进入过滤器后，在

图 28-5　石英砂压力过滤器

一定的压力下，经过滤料层截留或吸附水中的悬浮物，清水则经集水系统收集，由出水口排出。在过滤过程中，由于不断截留水中的污物，滤料层的孔隙会逐渐减小，水阻力会不断增大，当满足排放条件时，设备将进行反冲洗。石英砂压力过滤器如图 28-5 所示。

（7）消毒工艺

该比赛池全部采用全流量半程式臭氧消毒，臭氧投加量为 0.8mg/L，接触反应时间 2min，臭氧投加采用负压全自动投加，并自动控制投加量；负压投加可以绝对避免常发生在臭氧正压投加设备上的气体泄漏问题。在系统组成上充分体现出其安全性和高效性。训练池采用分流量臭氧消毒，臭氧投加量为 0.8mg/L，接触反应时间 2min，臭氧投加采用负压全自动投加，并自动控制投加量。各个泳池分别配备一台臭氧发生器，臭氧发生浓度为 50mg/L，且自带事故监控装置；一台臭氧投加及混气装置；一台臭氧接触反应罐，满足臭氧投加量在 0.8mg/L 时 $C_t \geqslant 1.6$ 的要求。

臭氧能迅速杀灭扩散在水中的细菌、芽孢、病毒，并能破坏水中的有机物，将池水中的有机物氧化成无机物被吸附，经过后续的活性炭过滤吸附去除，改善水的物理性质和感官现状，从而使得池水清澈蓝影，透明度好、无刺激性、无异味、对人的眼睛和皮肤头发无伤害，并能使得泳池周围的空气清新和游泳者有舒适感。同时，臭氧处理后的水含有较高的溶解氧，经常在富养水中洗浴，可以达到保健和美容的目的。臭氧机如图 28-6 所示。

（8）水质监测

通过水质监测仪在线检测 pH 值、ORP 值、浊度、余氯值，测量范围：pH：1～14，余氯：0～20ppm，在线检测，设定值可调，液晶数字显示；监控仪表能够根据设定值控制长效消毒剂、pH 调节剂的工作。水质监测设备的数量满足水质监测和系统控制

图 28-6　臭氧机

要求。

（9）游泳池自动恒温控制

室内游泳池在使用过程中水温会逐渐降低，为维持水温在正常范围内，泳池配备自动恒温控制系统，包括传感器、控制箱、温控阀。由传感器实时测量游泳池内水温并反馈给控制器，控制器调整进水流量及温度从而保证游泳池内水温维持在正常范围内。恒温控制系统通过温度仪进行温度检测。检测的结果经模拟量输入模块送到 PLC，由 PLC 处理后一方面送控制屏进行温度显示，另一方面由 PLC 的 PID 指令控制。经 PID 调节后，输出的信号通过模拟量输出模块控制伺服调节阀，使池水按要求保持恒温。

3. 泳池智能管理系统

泳池智能管理系统采用 PLC 完成控制及信号采集，包括监测功能和自动控制功能。通过电脑终端进行补水、循环、投药、过滤、消毒等一系列操作。其中均衡水箱具有自动补水和液位控制功能，循环水泵须和水位连锁运行；投药系统、恒温加热均采用全自动化控制，并与循环水泵连锁。泳池智能管理系统操作界面如图 28-7 所示。其主要实施功能如下：

（1）本系统可接入楼宇控制系统实现远程控制、集中管理；

（2）增加系统可视化，在触摸屏上可直接监视整个系统的运行状况；

（3）监视设备运行状况；

（4）采集各个设备运行数据；

（5）过滤砂罐过压停机警示；

（6）循环水泵自动切换，寿命均衡保护。

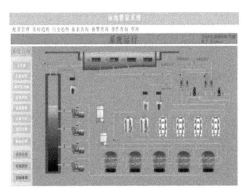

图 28-7　泳池智能管理系统操作界面

4. 游泳池运行

游泳馆于 2017 年 10 月通过验收并投入使用，游泳池水质较好，运行稳定。处理后水质达到《游泳池水质标准》CJ/T 244—2016 要求，并通过天津市卫生防疫部门验收。在使用过程中受到社会人士的一致好评，为天津市全民健身运动添砖加瓦。

参 考 文 献

[1] 王华，梁羽，董泊君，等．大跨度钢桁架不同复杂工况下双机抬吊施工方法．建筑技术，2017，48(2)：148-151.

[2] 王福生．钢网架整体顶升安装冬季施工提高液压顶升速度的技术研究．施工技术编辑部，2016：3.

[3] 王蕾，时振，宋会，等．整体顶升支撑钢网架超高设备拆除施工．施工技术编辑部，2016：3.

[4] 王华，宋会，时振，等．天津体育学院新校区室外运动场地地基处理施工技术//全国地基基础与地下工程技术交流会．2015.

[5] 赵小平，梁羽，王蕾，等．匚型PC百叶板外墙装饰施工技术[J]．施工技术，2013，42(15)：61-63.

[6] 袁梅，赵小平，王蕾，等．减震降噪式挡弹板施工技术[J]．建筑技术，2015，46(8)：704-706.

[7] 王显富，侯腾飞，王志茹，等．大型钢网架整体顶升高空变角度施工技术研究．施工技术编辑部，2016：5.